THE KITCHEN BIBLE
厨房设计圣经

THE KITCHEN BIBLE
厨房设计圣经

[美] 芭芭拉·博林格　[美] 玛格丽特·克雷恩 等 / 编著

邵延娜 / 译

广西师范大学出版社
·桂林·

images
Publishing

图书在版编目(CIP)数据

厨房设计圣经/(美)芭芭拉·博林格,(美)玛格丽特·克雷恩
等编著;邵延娜译.—桂林:广西师范大学出版社,2017.9
ISBN 978 - 7 - 5495 - 9805 - 2

Ⅰ.①厨… Ⅱ.①芭… ②玛… ③邵… Ⅲ.①厨房－室内装饰
设计 Ⅳ.①TU241

中国版本图书馆 CIP 数据核字(2017)第 128376 号

出 品 人:刘广汉
责任编辑:肖 莉
助理编辑:王晨晖
版式设计:吴 迪
广西师范大学出版社出版发行

（广西桂林市中华路22号　　邮政编码:541001）
（网址:http://www.bbtpress.com）

出版人:张艺兵
全国新华书店经销
销售热线:021－31260822－882/883
恒美印务(广州)有限公司印刷
(广州市南沙区环市大道南路334号　邮政编码:511458)
开本:802mm×1 092mm　　1/12
印张:18 $\frac{2}{3}$　　　　字数:80 千字
2017 年 9 月第 1 版　　2017 年 9 月第 1 次印刷
定价:258.00 元

目录

序

我们的厨房——现如今家庭的心脏和中心——已经变成对我们的生活方式的真实反映：家人、朋友和食物完美汇聚于此。我们在此享受亲朋好友的陪伴，一起消遣娱乐，互相沟通交流。这其中，食物是最重要的一部分。人们不再愿意独自一人在厨房里制作菜肴，厨房设计的趋势也因此随之改变。

某些风格虽然日渐过时，但是稍作修改之后可能重新流行起来，就目前而言，和传统的橱柜相比，房主们大多更喜欢简洁的橱柜。过渡期的风格依然备受欢迎，但其设计不可过度华丽。橱柜最好使用五金配件，而无须大量木工。深色的橱柜不再像过去那样大受欢迎，人们反而更喜欢白色、米黄色和灰色等浅色，能与深色的地板形成鲜明对比。

一般来说，厨房设计的潮流比时尚潮流变化得要相对缓慢，但仰赖技术的快速发展，厨房设计也同样开始变幻莫测起来，所以我建议房主们先仔细思考如何使用他们的厨房，装修完成后想要达到何种效果，也建议他们分析自己的烹饪方式及就餐时间与娱乐时间的安排，研究网站、杂志文章和《厨房设计圣经》这类书籍，打开思路，从中获得启发。当厨房设计完成时，所收获的将不只是付出就会有回报的成就感，还有在这个过程中得到的乐趣。

本书为您提供了一整套完整的设计体验——从如何读懂平面图与设计图到选择合适的设计公司，思考现有的厨房与未来可能出现的厨房。它将用大量的详细信息武装您，使您在走完一遍完整的流程后，可以提出全部的基本问题并获得解答。许多人不知道他们可以买两个嵌入式烤箱并将它们安装在不同的地方，以便同时做多道菜肴而不互相耽搁；可能也不知道他们可以根据自己的身高把洗碗机安装在更便于操作的地方；可能还不知道流理台有这么多功能——准备食物、用餐、款待客人、支付账单、在厨房做作业、看报纸或者玩填字游戏。但是要满足上述全部需求，台面的高度必须要合适，材质必须要实用，采光必须要好，凳子或者椅子要舒服，流理台本身的外形也要美观！

我爱厨房，在厨房设计领域从业 26 年之后，阅读《厨房设计圣经》并从中想出好主意，发现新材料、新设备和新技术依然让我激动无比。每当我设计出一个能帮助房主提高生活质量的新厨房时，我都会会心一笑。他们使用后感到心满意足，再回来把他们的想法告诉我时，我则更加开心。这也是这本书能为您带来的。

约翰·A. 皮特里
厨卫设计认证专家
全美厨房卫浴协会 2014 年会长
宾夕法尼亚州梅卡尼克斯堡
MH 定制橱柜公司所有者

前言

芭芭拉·博林格 | 玛格丽特·克雷恩 | 詹妮弗·吉尔默

厨房在过去只是一个注重功能的房间，而如今则变成了家庭的心脏——一个做饭、聚会及娱乐的场所。虽然公寓或小型住宅里的厨房仍被局限于几平方英尺以内，相对来说更难设计，但小厨房依然可以应用开敞式室内布局，将其向起居室、餐厅或家庭活动区开放，得到更好的与朋友们聚会交谈的空间。面积更大的厨房可根据其不同的功能，比如烹饪、清理、用餐、娱乐、支付账单、在厨房做作业以及储藏葡萄酒来划分区域。

现今的社会，什么都有可能过时。厨房是否能够展现出多样性，要从它的风格来看，而不能只看其是否使用了最时尚的材料或颜色。过去曾流行深色或浅色的木质橱柜组成的整体厨房，还有标志性的纽约市"林荫大道"风格的厨房：白色橱柜、大理石台面、不锈钢把手、大而笨重的家用电器以及黑白相间的地砖，不过那个时代已经一去不复返了。现在的厨房可以展现出许多信息：从房主的性格到地方性设计风格。而想要体现出这些风格，就需要采用大胆且明亮的色彩——不过大多数房地产经纪人可不赞成这

样做，因为他们觉得饱和色会限定房屋的潜在买家。另外还要考虑高效节能及兼容性较高的设计元素，因为它们可以使您在上了年纪，或喜欢的风格改变之后，也能一直住在这个地方。只要规划得当，您可以在这里生活很久。

在这个过程中有必要留意这样一条建议——做好准备工作。设备、橱柜，以及人工成本，这些费用都呈现逐年上涨的趋势。中档厨房改装平均费用大约 5.7 万美元，高档厨房则需 11.4 万美元左右，因此，做出谨慎的选择还是很有必要的。最好能在设计之前先对最新的家用电器、材料、橱柜、台面、地板、采光、后挡板等产品的价位有一定了解。

但是面对这么多选择，您要从何入手呢？首先，您可以制作一个清单，列出您对现有厨房喜欢和不喜欢的地方，去朋友家看看他们的新厨房或重新改装的厨房，参观厨房样品间，多问一些关于价格、耐用性和功能性的问题。多做笔记，上网搜索资源，把感兴趣的产品和材料记录下来。看见喜欢的布局设计时，将它们截图保存下

来，以便日后与设计师分享。您也可以注册一个允许您"分享"使用其云存储空间的网站。有些网站，比如 Pinterest.com 或 houzz.com，允许您把给您带来启发的照片集合在一起，这些也可以成为资源。

然后，您当然还要把本书当作您的指导手册，研究其中的案例和美国顶尖设计师及建筑师们提供的建议。从您喜欢的备选方案中选出一些做进一步调查，查出它们的价格，把它们记录在您的愿望清单上，如果实在有必要，再从中删减。大多数人在拿到报价后，都不得不对预算进行削减。玻璃马赛克瓷砖或是冷酒器可能突然就变成了昂贵的奢侈品。如果您特别喜欢做比萨，那么购买比萨炉便是合情合理的，但是您也要留意，您为这个特殊的设备支付了高昂的费用，它很可能不太常用，并占据了您可能本来就不充足的空间。一个好的比萨板可以让您用普通烤箱制作比萨，从而省下宝贵的摆放空间。

记住，创造一间新厨房最重要的是提高家人的生活质量，而不是做出最好的红酒炖牛肉、巧克力蛋奶酥或比萨。您或许幻想过在与白色木质橱柜配套的白色卡雷拉大理石上揉油酥面团，但是大理石真的实用吗? 一旦您发现每次把酸酱或是红酒溅在那上面，都要第一时间用抹布把它擦干净时，您就会开始讨厌它了。除了大理石，还有很多美观且耐用的人造材料。从长远角度来看，它们会是更好的选择。

如果您见到了一些您希望放进自己的厨房里的元素，或是喜欢某个厨房的设计，却又觉得地板需要换一个颜色才会更适合自己，就请翻开这本书，看看其他选择吧。这里有大量的案例可供您参考，本书的意义就在于为您提供一个最适合的选择。

本书的作者芭芭拉和玛格丽特已经改造过 5 个厨房，还写过上百篇关于厨房的文章。本书的设计师詹妮弗·吉尔默是詹妮弗·吉尔默厨卫设计公司的一名认证厨房设计师 (CKD)，她已在行业中从业 30 余年，为 500 多名客户设计改造厨房。享受这次旅程，避开充斥于这项工作中的恐怖故事，按时地在预算之内把厨房装修完毕吧。

第一章

专业人员的选择

步骤和问题

选择正确的厨房设计师、建筑师、建造者或承包商，是在规定的时间和预算内，跨越各种障碍，顺利完成工程的关键。您可以聘请一个朋友、家人或是提供专家建议的人，抑或是您从家居杂志、报纸或是互联网上看到的人。

从头开始改建或建造厨房是一个昂贵而艰巨的任务，不能接受别人只看表面的建议。做好自己的准备工作，多查看一些参考信息。去看看别人的工作，研究一些厨房设计网站、博客和您智能手机上的应用程序，查找您要了解的信息。您可以查看视频网站上展示的每个步骤是如何聚集在一起的视频。您还要想好厨房改装后，它最终的外观如何，使用起来怎样。

全部这些步骤都将帮助您了解，您在签约和开工之前应该提出哪些问题。我们把我们认为最重要的问题进行汇总，虽然不见得每一个问题都对您的工作有用，但是它们大多数都有用！

① 经验

厨房设计师扮演什么角色？

设计师是您在厨房项目上技术和创意方面的臂膀。他们从全局的角度，为您提供结合了当前和长期趋势的设计方案和想法，帮您阐释、区分并合理安排您的需求。他们将在这个过程中引导您，帮助您不超出预算。如果方案中包括建筑结构工程，比如通过敲墙增加或打通厨房，您可能需要让您的承包商找来一位建筑工程师，但是对于大多数厨房改装来说，一个厨房设计师就应该足够了。

设计师从业的年限是多长？

无论是设计师、建筑师、施工人员或是承包商，要想做好他们的工作都需要一定的经验，因为这些经验能帮助他们更好地运用自己的专业技能来解决日常工作中的问题和难题，以及更好地与客户打交道，安排好工作量——这也是为什么我们建议您在雇佣一家刚创办的公司时要多考虑一下。您或许喜欢他们的想法，想给他们一个机会，您可能觉得和他们非常合得来，但是您要留意，新公司缺乏经验，他们很可能会失败。

一个公司的经营时间越长，他们的工作系统经受实践检验的时间就越充足，各项工作的进展才会越顺利。例如，认证厨房设计师詹妮弗·吉尔默运营她自己的厨房设计公司已经19年了，在此之前她还做了4年另一家公司的合伙人。她花了5~7年的时间才找到合适的工作人员，

对页图： 在詹妮弗·吉尔默的样板间里，右侧的暗色贴面橱柜就像飘浮在空中；水槽的选择与娱乐空间的风格一致。两个墙内炉被并排安置在一个合适的高度上，并与从地面到天花板的拉门储藏柜相配。

协助她把公司打理得井井有条。他们有能力同时承担多个项目，也知道如何克服障碍，还能把控这个行业里的各种局面。

多参考再做决定

在做出一个选择之前，至少要找三家设计公司进行对比，这很重要。它们每一家都能提供不同的经验，有的也许会在最初阶段花的钱多一些，有的则可能会给您一些热心的参考意见，然而绝口不提可能会出错的地方。为了得到不同的观点，您可以先和最近刚完成了一个项目的人聊聊，再和十年前重装了厨房的人聊聊，这样做的好处是您可以打听后续的跟进。事情是马上就能被处理呢，还是设计公司要用一段时间才能处理好，只换一个折叶也要让您花钱请人做？对于您选择来建造您的理想厨房的工作伙伴，您要尽可能地去了解他们，这很重要。

一家公司一个月或一年中能设计多少厨房，一个准确的数字对我们选择一家专业公司来说是否重要呢？

一个设计师每月或每年设计的厨房数量，能够显示出其工作的能力是否有纪律和有组织，是否能和供应商保持良好关系。好的设计师无论多忙，都应该有能力关注到您的工程。

所以要问：如果他们每个月做 N 个厨房，他们是否有时间回答您的问题？这会不会影响到他们处理您的项目时的能力？他们是否有优秀的工作人员进行项目跟进？当您需要他们或有时急需他们的时候，他们是否能很好地回应您？

上图： 对于成功翻新的厨房来说，选择一位有经验且能满足客户需求的设计师是必不可少的。（设计：詹妮弗·吉尔默）

② 资格证书

他们是认证设计师吗？这一点重要吗？

获得认证对任何拥有专业技能的人来说都是一个新的境界，也能增加从业人员的职业成就感。设计师要想在这个行业里站稳脚跟，就要不断地进行深造，坚持特定的工作标准和道德规范。这也意味着，他们要投身于这项事业中很长时间。全美厨房卫浴协会（NKBA）要求设计师必须在这个行业至少全职工作7年之后，才能参加认证厨房设计师（CKD）的资格考试，获得认证资格证书。

③ 获奖

他们是否获过奖呢？这些奖项是什么组织颁发的呢？他们的作品被发表过吗？

获奖能够显示出设计师真正关心他们的作品，他们希望自己的作品在镜头、评委和大众面前都能耀眼夺目。不仅如此，获奖还能显示出设计师对这些优秀作品的全情投入。有些厨房设计师只想卖掉橱柜。只有那些获奖的设计师，还有专注于发表稿件的设计师，才是真正对自己的作品感到自豪，且更有可能为客户做出好的设计。

④ 保险

他们投了哪种保险？

大多数厨房设计公司承担法律责任和工伤赔偿。但是作为客户来说，询问承包商有没有投保，投了什么样的保险，能够在经济上保证他们的工作并保护您对家装的全部投资，这同样也很重要。

⑤ 初期咨询

互相了解阶段的初期咨询需要付费吗？这个会议中有哪些议题呢？

一位信誉良好、技能熟练的厨房设计师会和客户进行面对面的交流，概述项目的范围，解释工作流程。初期咨询一般是免费赠送的，会持续一到两个小时，设计师和客户可以在这段时间相互了解，看看他们是否合得来，在理念、愿景和预算方面是否能够达成共识。在这个阶段，您就可以评估这个设计师是否认真听您的想法，而且具备很好地回答您的问题的能力。

在第一次会议中，令客户觉得安心很重要。吉尔默会请房主提供房间的准确尺寸或房子的蓝图。他们有时也会带来一份心愿单，还有他们最喜欢的照片。她在描图纸上画出厨房平面图和设计想法，并和客户讨论如何使用厨房的想法——内部是否要全部拆除，或是在原有的基础上添加新设备，或是通过拆除墙体来增大厨房面积；厨房里是否需要有两个人可以同时做菜的空间，如果需要就要扩大备餐区；厨房是否需要整体装修；厨房是否作为家庭聚会的场所；房主是否需要按照犹太教规准备食物，如果需要则要放置更多的橱柜和餐具。

他们也讨论设计——是超现代风格的，还是传统、舒缓、迷人或复古的。然后她会画出一个草图，给出一个估算的总成本帮助客户做出决定，是要交钱开工，还是再查些资料，寻找其他设计师。

样板间应该展示出各种价位的多种产品，以使客户能够更安心地进行选择。（设计：詹妮弗·吉尔默）

⑥ 样板间

设计师有没有样板间，是在不同的价位上与不同的供应商合作呢，还是他们只提供一个价位的设计，那么这又是怎样的价位呢？如果他们的确有样板间，那他们为了应用新的设备、橱柜、台面和其他装修材料而改变样板间布置的频率又是怎样的呢？

样板间就像公司的立体名片一样。它是一家公司专业水平的另一种测量方式，它向其潜在客户展示了他们的装修风格，也展现了他们的技术水平和敬业精神。当您走进一间样板间，您可以触摸里面的东西，了解您要买的产品的质量。询问样板间变换布置的频率——每隔 5 年或 7 年更新 1 次，意味着设计师能够与时俱进，紧跟时代潮流。

厨房设计师、建筑师、施工人员以及承包商在工作中要面对大量不同的产品风格和成品——从橱柜到台板、瓷砖，从水龙头到装饰性五金件。样板间里应展示出不同供应商在不同价位上的产品。这很重要，因为这样可以确保您不会被困在可能会令您超出预算的选择里。它为您提供了重要的替补方案，比如，您可以购买便宜些的家用电器，省出钱来买高端橱柜，反过来也一样，买一流的家电搭配一般的或半定制的橱柜。

⑦ 潮流

他们参加行业展览来获得有关趋势、材料、家用电器和照明的最新资讯吗？

通常来说，贸易展览能够提供各类厨房产品的新选择：橱柜、橱柜里的组合照明、地板、不同石材的台面、看起来像大理石而实际却要便宜许多的地板、仿木瓷砖、最新的环境照明和工作照明、最新最好最绿色的家用电器、水龙头以及其他产品。观看展览，看看当下市场上都有哪些产品，能够帮助设计师搜集新的想法，紧跟业内最新趋势，并建立供应商网络。不是所有的设计师都参加贸易展览，但是他们会通过阅读、与业内人士谈话或从一些本地资源处得到这些信息。

⑧ 风格

他们最擅长的风格是什么——传统的、过渡的、现代的，还是绿色环保的？

许多专业设计师都有一个自己最擅长的领域，但是一个优秀的设计师在正确的指导方针下则可以胜任任何风格的工作。注意：通常情况下，如果一个专业设计师主要的工作地点在欧洲，那么他们很可能无法设计出一个传统的美式厨房，反之亦然。

您是不是需要向设计师展示您喜欢的厨房照片呢，还是说他们会为您提供一些来扩大您的选择范围？

这是老生常谈了，不过一张照片胜过一千句话。一个优秀的设计师可以从中总结出共同点，比如您最喜欢的颜色、材质、光照方式，以及您喜欢传统风格还是现代风格。照片也能显示您的喜好，这也同样重要。吉尔默请她的客户用笔记本电脑或平板电脑展示他们喜欢什么，比如黛安·基顿和杰克·尼科尔森的电影《爱是妥协》(*Something's Gotta Give*) 里出现的那种白色海滩别墅厨房，或是梅丽尔·斯特里普在电影《爱很复杂》(*It's Complicated*) 里喂史蒂夫·马丁吃巧克力蛋糕时的那种厨房。从讨论人们喜欢的电影和电视剧开始是个不错的选择。

如果您找到的是一个备受推崇的设计师，您又给他提供了正确的信息和大量的照片，还问对了问题，那么您将很有可能在一开始就获得您想要的效果。一个专业的设计师也可以通过客户的谈话以及对自己建议的反应来正确解读他们的想法。您认为他们有自己的喜好，但是一个优秀的设计师能够在您自己可能还不懂的情况下，选出更适合您的品位、预算和空间的橱柜或是其他设备。

⑨ 费用和定金

有没有一个最低预算呢？

这是一个非常重要的问题。有些设计师会要求客户有一定金额的预算，否则就不接这个项目。最终的价格取决于空间的大小、装修材料和家用电器的质量，以及您打算怎样使用您的厨房。任何一家有信誉的公司都应该擅长项目的价值评估，看看最终设计是否会超出您的预算。

记住，您的选择决定了最终的成本。它是否仅仅是装饰性的？您真的打算像专业的厨房那样使用它吗，还是说只是在大家带来配菜和甜品的同时，把从超市里买来的火鸡加热一下作为节日菜肴？

总会有更便宜的材料——比如用像人造石、赛丽石、坎布里亚石之类漂亮的人造仿石英材料代替昂贵的大理石。您也许不需要 4000~1.5 万美元不等的六灶眼燃气灶，1500~3000 美元的四灶眼的就足够了。当您挑选橱柜，以及选择柜门、木材、涂料、木材表面涂层或纹理、涂料颜色、是否加边框等选项时，外观很重要，您的喜好也同样重要，但是如果您希望您的橱柜可以使用得尽可能长久——20~40 年——您自然会想选择质量好的材料。

其他您可能会问的问题：

开展一个项目之前，一般需缴纳多少钱的预付金呢？这笔钱包含在总费用里吗？

按照工作的完成情况，他们隔多久向您收取一次费用？

您能不能保留一部分钱，在工作全部完成并令您满意之后再支付给他们？

大多数设计师会收取一个从 500 美金到预估总成本的 1% 不等的预付金，它是不能退款的。也有一些设计师按小时收费。信誉良好的公司一般会在交付工程图之前额外收取一笔费用，因为设计平面图和立面图的工作量超过了预付金涵盖的内容。不同公司有不同的政策，有时这笔钱会计入您的总成本。

比如说，有时设计师会先收一笔额外的定金再提交图纸，是因为一个特别成熟的公司所策划的项目，涉及的工作会远超过 3000 美金。厨房设计师的收费和建筑设计师或室内设计师的不同，他们的收入来自于销售的厨房装修材料。一旦订购了橱柜及其他材料，您的设计师就需要给余款制订一个付款计划。

留一部分钱暂不支付，直到工作清单上的所有工作全部完成再把钱付清，这种方法是不可行的，因为材料几乎全部都是为了一个项目而专门定制的，必须在交货前付款。这和购买家具总是货到付款一样，材料发货了，您就需要付款。当您选择留一部分钱暂不支付时，您只能先不支付人工费，而不是材料费。

如果您先请建筑师一起研究这个项目，他们通常会按小时收取设计、制图和约见的费用。然后您还得请厨房设计师再签一份合同。如果不打算扩大厨房范围，就没必要请建筑师，免得自己花冤枉钱。一般来说，厨房设计师不收取设计费，他们在卖掉橱柜和家用电器时收取佣金。

⑩ 家用电器和装修材料

选择外观、产品、材料和橱柜的一般步骤是什么？有特定的顺序吗？

一旦设计方案确定下来，您和您的设计师就要把关注的焦点放在橱柜的选择、门和抽屉的样式以及木材表面的涂层或纹理上了。设计师会依据你们的讨论、您展示给他看的照片，或是您的其他房间，了解您的喜好需求，进而选取合适的材料给您看。

左上图: 橱柜上方有家具风格一致的桌脚、橱柜下方装饰性的托臂，以及额外的小橱柜及顶饰，它们显示出家具制造者精准的木工技艺。**右上图:** 组合壁橱上的玻璃柜门显露出壁橱的内部，方便取放物品。**左下图:** 全高度柜将水槽左侧的洗碗机及右侧的垃圾桶藏于其中。灶台下方抽屉上的触摸式插销消除了对五金件的需求。**右下图:** 这个拼配的饰面创造了一个独特的抽油烟机。（设计: 詹妮弗·吉尔默）

一些设计师会将不同的材料组合到一起，以创造一个和他们的客户一样独特的空间，比如像来自詹妮弗·吉尔默厨卫设计公司的劳伦·黎凡特·布兰德（Lauren Levant Bland）的设计。

橱柜是厨房的中心，厨房中的其他组件都是围绕着它们的。鉴于橱柜也是您的新厨房中最贵、且需要最长时间才能交货的组件，所以择优选购它们就显得格外重要了。

下一步是选择创造厨房整体效果的其他材料。您一定要先拿到一个您选择的橱柜门的正面纹理样本，然后带着它去卖石材的地方，为您的工作台面挑选合适的石板。挑好之后也要拿一个样品，接下来到卖瓷砖的地方挑选后挡板和地砖。吉尔默推荐这个顺序，是因为能做工作台面的石材只有几种，而可供挑选的瓷砖种类却十分丰富。按照这个顺序，从头和您的设计师一起工作，意味着您在这个过程中改变主意的可能性大大减小了。

厨房里的所有东西都是设计师来订购吗？如果是的话，购买商品的付款形式是怎样的？
在购买设备、家具和材料时，他们会提供比零售商更低的折扣吗？

设计师与供应商经常合作，所以他们有更多的手段来获得合适的价格和交货时间，他们也更清楚这些条件。另外，如果出现货物破损、延期交货和发货错误等问题时，他们解决问题的能力也更强。通常来说，设计师为客户购买的任何材料，都需要客户先交 50% 的定金，并在货到后结清余款。

对于厨房设计师来说，为您订购橱柜是最重要的，因为正确订货包含很多工程细节和专业方面的知识。橱柜把整个厨房联系在一起，就像一个故事的标题和导语。

如果是您自己订购家用电器，您有必要把您的最终订单给您的设计师看一下，请他们确认订购的货物都是正确的，和您的厨房是配套的。

由您自己来订购有时可能会有风险，因为您一旦请商家发货，就算货物不适合您的厨房也不可能改换其他产品了。请记住，家用电器的价格水分比较少，即使货比三家也不见得能节省多少钱。

吉尔默也鼓励她的客户通过她来购买工作台面，以确保台面和橱柜相匹配，并且在正确的位置给水龙头打孔。这样一来，她的公司就会为出现的任何问题负责，也能在出现失误的时候进行妥善处理。

⑪ 设计

设计方案确定下来之前，您一般会参加多少次设计会议？方案能修改多少次？

一些设计师会和您一起在办公室设计，因为客户也在场，他们的想法可以被直接加入设计之中。吉尔默会在第一次和您见面的时候设计一个简单的布局，由此引发讨论，激发创意。在这次会谈中，她会借用一些基础的美学思想来解释厨房的结构，使您可以提出有用且合理的建议。在这个阶段，您可以提出任何修改意见。

在确定最终施工设计之前，还会有几次这样的约见，持续 6 周到 3 个月不等，每一次都会对方案做出修改，并在订货之前再检查一次整个计划。

详细计划完成以后，图纸会变得很复杂。如果您这时想在平面图和设计上做一个较大的改动，就可能需要支付额外的费用了。不过整个设计环节您都参与其中，所以这种情况很少发生。这笔额外的费用正是一种用来防止您在这个阶段做巨大改动的手段。您最好问一下您的设计师他们的公司对这样的改动有什么样的政策。

12 尺寸

什么时候测量房间尺寸？

吉尔默根据项目范围做出相应的决定：如果项目的范围仅限于现在的厨房，她会在公司接下这个工作后尽快安排测量。如果厨房的面积要扩大的话，她会依据建筑师的设计图来做初步设计，然后在立柱立起来之后再进行实地测量。因为橱柜的到货时间要 8—12 周，所以尽快测量房间尺寸非常重要。如果要装修的是新房子，她会使用房子平面图来设计，然后在厨房的区域被构筑出来之后尽快进行实地测量，为墙面装饰预留时间。

13 建筑师、设计师和承包商

如果您要扩大或拆除整个空间，建筑师或是设计师到底能提供什么服务呢，还是说雇一个承包商就足够了？

如果您打算拆除室内的墙壁，承包商一般会告诉您哪些是承重墙必须保留，哪些地方需要增加梁来承重。如果他们不能确定，或是即便他们能够确定，他们都需要请一位建筑工程师来做最终决定。根据项目的复杂性和施工地点的不同，这还会花掉您 600~2000 美金。您不需要为了这项工作而专门雇一位建筑师，除非他们也参与设计工作。

承包商不做设计工作，而是负责施工和分包出工程的各个部分，根据设计师或建筑师的图纸完成工作。简单来说，就是设计师负责设计并订购材料，工程开始后则由承包商来负责每天的施工。

14 招聘和监督

谁正式招聘承包商？您应该问哪些问题？

最好是由您来招聘承包商。如果您选择设计师经常合作的人，这就相当于是他们团队的一个延伸。如果您雇用您认识的人，设计师仍然要和他协同合作，但是他们要相互磨合一段时间。

在做出选择之前，您可以去看看他们的工作。问问他们一年装修几个厨房，都组装什么类型的橱柜——定制的、半定制的还是成品？一些承包商可能不是专门装修厨房的，所以您要尽量避免选择他们。仅仅因为他是一个好木工就雇他来当您的承包商是不明智的——安装橱柜是一项专门的工作，很多承包商用装修木工，但是他们常常没有组装橱柜的经验。一个经验丰富的橱柜组装工要花 5~10 年的时间，才能熟练掌握复杂的定制厨房部件的组装方法。

在您选择承包商时，您要听听他们的工作描述，找一些参考，看一看他们完成的工作，并且一定要签一份单独的合同。信任和可靠是最重要的——这个人会比您的朋友更了解您和您的生活。您可以问他们您在选择设计师时提出的同样问题。

15 许可和地方管理

承包商一般在什么时间工作——您居住的街区或是大楼可能有关于时间和周末噪声的规定；还有，谁负责出具施工许可？

承包商都知道这个事情，您可以直接询问他们。他们一般在早上 7:30 到下午 3:30 之间

对页图：精美的细节可以使厨房更上一层楼。在这4个由詹妮弗·吉尔默厨卫设计公司设计的厨房中，炉灶后挡板通过将橱柜和工作台面的色彩融合到一起，从而把整个厨房结合到一起。**左上图：**浅绿色、棕褐色和棕色马赛克的挡板将位于海滩边的厨房的室外色彩带入厨房中。**右上图：**在木纹瓷砖连壁下面，是一个伪装成热轧钢板的高科技电器。**左下图：**绿棕相间的水平细线样式的瓷砖连壁为这个以白色和暗棕色的层压式橱柜为主体的现代厨房增添了一抹亮色。**右下图：**抛光花岗岩台面与炉台上方对角线纹理的瓷砖连壁形成对比。

工作，但是也有特殊情况。您可以和您的大楼、街区或地方政府询问什么时间允许施工？他们是否可以在周末工作？几点钟开始可以工作？由于噪声的原因，很多大楼不允许周末施工。

如果您打算把厨房的面积增大，会涉及砸掉外墙，您需要聘请一位建筑师取得许可证。建筑师的图纸也是必要的，因为要开始施工，必须请建筑师和结构工程师在图纸上盖章。相反，如果您想在厨房上加上一个小空间，比如一张小

桌子的区域或凸窗，设计师或承包商就应该能做出可以获得批准的图纸。具体要看设计的复杂程度而定。室内的工作一般不需要许可，除非添加新的配电板和煤气管道。

(16) 拆除

拆除什么时候开始？

什么时候开始拆除可以说是一个棘手的问题，这也是另一个与在这个行业里工作较长时间的公司合作的好理由。安装进度通常是由橱柜到

用特定高度的支撑墙替代原有的墙壁，不用将其与詹妮弗·吉尔默设计的厨房分成两个房间，即可把餐厅的空间划分出来。把原本单扇门的房门扩大为有竖框的法式大门，使阳光能够充分射入厨房内部。

货的日期决定的，拆除可以在橱柜到货的一周之前开始。这可以保证承包商为装修的各个阶段做好准备。

⑰ 分包商和人员配备

设计师有分包商吗，还是他们会为电工、管道或拆除再和别人签合同？如果是后者，他们是固定的工人吗？

分包商有自己的保险吗？

承包人吉尔默有经常合作的工人，他们会安排工作进度。他们知道每个技工的能力及他们在施工现场工作的顺序。他们都要按时上工，每天结束工作时都要做好清理。有时您的项目会因为上一个工作没有按时完成而无法按照计划进行。在这种情况下，承包人应该能找到解决办法，使工作持续进行。

当您选择一个厨房承包人时，通常最好和一家小公司合作——亲子搭档或者个体经营业主——而不是会让您花更多钱的有上层管理者和管理费用的大公司。花很多钱雇一个大公司装修您的厨房不划算，除非他们是专业从事这项工作的，或是这个工作还包含餐具室、洗衣房、换鞋处，也可能是一个家庭活动室等其他房间。

在美国，很多州要求房屋装修承包商出示保险证明，作为施工许可核发程序的一部分，这些保险单涵盖了由承包商造成的损失或伤亡，并为受伤的工人提供保险金。同样，许多州也要求房屋装修承包商存入一笔保证金（不同的州要求的金额不同），以确保工程能够按照合同完成。您最好在决定您的承包商之前，先要求看一下他们的保险和保证金证明，并打电话给保险公司确认这些保险单是有效的。

⑱ 清理

工作区是每天清理吗，还是垃圾连同旧的家用电器和橱柜每周清理一次？

把还能使用的橱柜扔掉着实有些可惜。在过去，它们可能会被直接扔到垃圾场或垃圾填埋区，但是现在有许多公司专门回收旧橱柜，重新把它们卖掉或是捐出去。您可以查一下您住的地区有哪些这类公司。

因为拆除工作会产生大量灰尘，它们会飘进您的整个房子，所以您必须先询问您的承包商打算在施工时如何密封您的厨房。他们应该会使用带拉链的厚塑料把房门封闭，尽可能地把尘土封闭在施工的房间里。工人们应该在每天的工作结束之后清理这个区域，如果您住在施工的家里就更应该如此。在某些案例中，承包商会装一个有脚轮的垃圾箱，把它放置在您家所在的街道旁或是私家车道旁，也有可能只是定期搬走碎片、垃圾和旧家用电器。

⑲ 联系

你们怎么保持联络呢——通过电话或是电子邮件？

如果工作或是工人们不是那么让人满意，您要怎么解决分歧呢？

大多数承包商现在都使用电子邮件进行交流。这是一种很好的沟通方式，因为所有的沟通都能被保存下来，而且这种方式既快捷又高效。有经验的承包商和设计师应当总是能及时回复您的电话或邮件和短信，即便不是马上，也应该在24小时之内。

您的设计师是您的支持者，这一点非常重要。要解决分歧，您要事无巨细地把工作进展告知您的设计师。如果是承包商的问题，而且在您愿意的情况下，您的设计师或许会提出和承包商谈谈。通常来说，最好的办法是让大家都到您家来，然后一起寻找一个解决方案。很多时候，您的抱怨是关于完成工作的期限的。记住，工人有时会晚1~2天来到现场，这是正常的，但是如果这种情况经常发生，或是他晚了更长的时间，这就需要处理了。

橱柜台面送到的2~3周后，整个工程就应该完成了。上述情况是选择设计师推荐的承包商的另一个很好的理由，因为这样的话您的设计师可以更好地支持您的工作，而且沟通渠道更开放，承包商也更能理解设计师的想法。

20 完工

您预期的整个项目的耗时应该是多长呢？如果它花了比预期更长的时间，客户会得倒一些补偿吗？

您应该在合同中加上一个扣除款项的规定，或者是保留合约支付款项中的一部分，以应对因承包商的失误而发生的工期延误。

改建工程一般需要6~8周的时间，这其中包括等待工作台面到货的2周。如果工程比较复杂——例如清空楼下、安装新的墙壁、更换或增加门窗、拆除承重墙——那么就需要额外2~4周的时间。要为安装延误、需要解决的不可见的损坏、在拆除开始之后才会看见的隐藏的管道等问题做好准备并预留出足够的处理时间。找一个您可以制作便餐的地方，比如洗衣间或地下室，因为厨房不能在一夜之间就改建完成，如果您每天都吃外卖或外出就餐，便会很容易产生失望泄气的心情。您的承包商应该可以帮助您建造一个临时的厨房。

所幸的是，和一个在流畅的系统中工作的优秀设计师合作可以避免延误的发生，他们都会打好提前量。在某些情况下，他们可以找出能够更快交货的备选产品。有时延误是由想要修改设计方案的房主造成的，但是即使在这种情况下，一家信誉良好的公司也能尽最大努力减少由此带来的不便与额外费用。

21 保修期

橱柜、家用电器、其他产品与手工制品的保修期多长为宜？

保修期由产品生产商制定。一般来说，家用电器和橱柜的保修期为1~2年，高端产品则会有相对更长的保修期这是因为它们的设计更加精巧，质量更好。

您所选购的任何产品都有保修期，您的设计师会在您遇到油漆破裂等问题时协助您处理保修问题，尤其是当这些问题在厨房建好后的第一年就发生时。只要房主住在这间房子里，厨房设计公司就应该在由他们帮助所选择的产品出现问题时，协助房主处理这些问题。

如果是误用导致的问题——例如用含有磨料或酒精的清洁剂擦拭橱柜导致表面磨损——设计师通常可以收取一定费用进行维修。折叶损坏或产品有裂缝是超出行业标准的接受范围的，处理这些问题应该是免费的。设计师应与生产厂家合作解决此类问题，厂家可以派人或雇人为产品进行局部补漆。其他例如调整柜门等小问题，设计师一般会免费帮忙解决。手工制品的保修期必须与承包商协商好，一般为一年，但是如果提前在制定合同的时候协商的话，一般可以获得一些延保。

组建您的团队：做出专家选择

建造您理想中的厨房需要一个团队。您可以根据他们的经验和证书进行选择，事先对它们进行调查是一件您永远不会后悔花更多时间做的事。

只要您雇用的人有经验，能满足您的需求即可。您的雇员就是您的团队，他们必须能与您愉快相处并提供足够专业的意见，因为你们将要在一起工作一段不短的时间——有时比您原本希望的更长。您也花费了大量金钱——有时也比您原本希望的更多。

下面列出美国主要协会的重要资格鉴定。有证书并不能保证项目的成功，但是它能证明证书持有者的专业经验。您应该询问他们是否持有证书，但是也不要因为他们没有证书就草率地淘汰他们，也可以进一步查看他们完成的工作，获得更好的参考资料。

- **LEED**：这个认证由美国绿色建筑认证协会 (GBCI) 管理，反映出建筑的环保性和可持续性。绿色建筑认证专家资质证书能够反映出持证人在这一领域的渊博学识。

- **建筑师**：美国建筑师协会 (Architect, AIA) 是由全美一流建筑师组成的领先专业组织，其分支机构遍及各州各市。一些建筑师同时取得了绿色建筑认证专家的资格证书，这表明了他们在绿色建筑实践领域的知识。

- **厨房设计师**：全国厨房与浴室协会能够提供从厨房卫浴专业认证 (CKBP) 到厨房设计师认证 (CKD) 等多种资格证书。

- **认证改建师**：这是一个来自全美装修行业协会的证书，能够提供从认证改建大师 (MCR) 到认证改造项目经理 (CRPM) 等 9 项认证。您可以在该组织的官方网站上找到全国改建师的名录。

- **认证研究生改建师（CGR）**：全美住房建筑商协会的改建委员会将全国的 CGR 承包商都发布在互联网上这些专业人士经过多年本行业的实践培训，在翻修领域非常专业。需要帮助的房主可以通过网站上的名录查询当地的改建师。

- **室内设计师，室内设计师美国协会会员（ASID）**：室内设计师美国协会用首字母缩略词将那些花时间参与培训并考试合格的成员区分出来，使他们从其他室内设计师与室内装饰设计师中脱颖而出。该组织下属的美国室内设计师资格委员会 (NCIDQ) 认证是另一个可以显示出持证者的技术与成果的高等标准。该协会还提供来自于美国医疗保健室内设计师协会 (AAHID) 的专业证书。

- **景观建筑师美国景观建筑协会（ASLA）**：它是一个培训与认证在户外工作，为更好地利用自然、水源和能源而设计美观、实用的场所的建筑师的全国性组织。他们之中也有一些人专门从事康复与医疗景观设计。

- **园林设计师**：园林设计师是一些经过高级培训，进行环境景观设计的设计师。他们的培训时间也许短于建筑师，但是他们的实地工作经验和能力完全能够满足工作的需求。您可以在专业景观设计师协会的网站上寻找您所居住的地方的当地专家。

第二章

领会全过程
12步走向成功

翻修或建造一间新厨房是一个多层次的过程，这与烹饪一桌美味佳肴需要遵循成功的菜谱一样。首先，采纳一个屡试不爽的方案；然后，购买最好的建材和原料；再次，组织一个专业的团队；最后，按部就班地将方案付诸实践。在第一章专业人员的选择中您已经完成其中几个步骤。本章采取自述的方式，由设计师詹妮弗·吉尔默讲述她及她的同事们如何体贴周到地完成人性化设计方案并巧妙解决所遇到的问题。

① 最初咨询

这不仅仅是一个休闲随意的碰面聚会。这次见面提供一个认识彼此的机会并检验双方的默契程度，即在未来的装修期间能否默契合作、处理问题、顺利完成任务。我们欢迎您参观样板间。站在样板间里，面对平面图我会畅所欲言表达个人看法、全力发挥专长，这要比在房主家里对着厨房指手画脚好得多。我可以更自由地提出多个草图方案并以多种方式重新安排利用空间。在样板间里，我可以在客户面前进行现场设计，随调随改。这是一个有趣的会面，在这个过程中灵感突发、迸击、碰撞，最后由我负责检验奇思妙想是否可行。这是一个神奇的过程——您参与构建新厨房，亲历它的整个演变过程，找出最好的解决方法，将厨房的功能效用与审美需求完美地统一在一起。最后，从务实的角度出发，我将测量出橱柜、台面的尺寸，列出所需的家电配置并在现场对整个工程的劳动量做出粗略预估——几乎每个人都想尽快得到这些数据。

既然我们已经结识彼此，您对我们的倾听能力、问题回复、方案想法、工程报价都有所了解并形成自己的看法，这时，您可以做出决定是否与我们继续合作下去。下一步是您交纳一定数额的定金以保留我们的设计工作。

② 预付部分费用

支付诚意保证金表明您对保留我们的服务是认真的。公司收取一小部分费用的做法十分明智。预付部分费用是一个公司投入多少细节以及工作量的衡量指标，同时表明公司的设计师更注重的是销售橱柜而不是关注厨房的整体构成。

尤为重要的是您需要清楚预付部分费用仅仅是设计工作的费用，而不是购买设计的费用。您在购买橱柜或交纳一大笔不予退还的定金之后才能得到设计图。

对页图： 一个油皂石台面水槽和一个8英寸（20厘米）高的背景墙使人想起历经沧桑的古董干水槽，仿佛时光倒退、岁月流转。冰箱和吊柜之间的狭小空间可以用来做万能的开放式储物架。（设计：詹妮弗·吉尔默）

注意：

在现有预算范围之内避免不切实际的高预期。首要任务是扣心自问打算花多少钱完成您的项目，在考虑到自己实际支付能力之后再做出具体的预算金额。刚开始的时候可能会偏离轨道，因为没有事先做好功课或者亲历这个过程。另外，您可能依赖电视改装或装修真人秀节目，这些节目大多按照剧本安排一步一步表演，或节目中的很多工作需要自己动手完成，尽管您不是专业的水暖工、木工和电工。初次与设计师碰面的时候，不要直接给出一个预算金额，如4万美元。您需要把预算具体细化，例如，家电1.5万美金，橱柜1.5美金，台面1万美金，总的金额达到您能支付的上限，这还不包括地板、灯具、五金件、人工等。另外，不要说，"我的邻居用4万美金完成梦寐以求的厨房装修"。因为您和您邻居想要的标准不一样。请记住，不同厨房的装修质量和范围有天壤之别。

经验：

做一个单子，列出您想要的一切东西，与专业人士商讨后排列主次，标记序号。最好允许10%的预算超支，用来应对不可预见的现场突发情况或选择更高端的装修材料。以单子为基础，您会清楚意识到自己需要增加预算还是减缩预算。

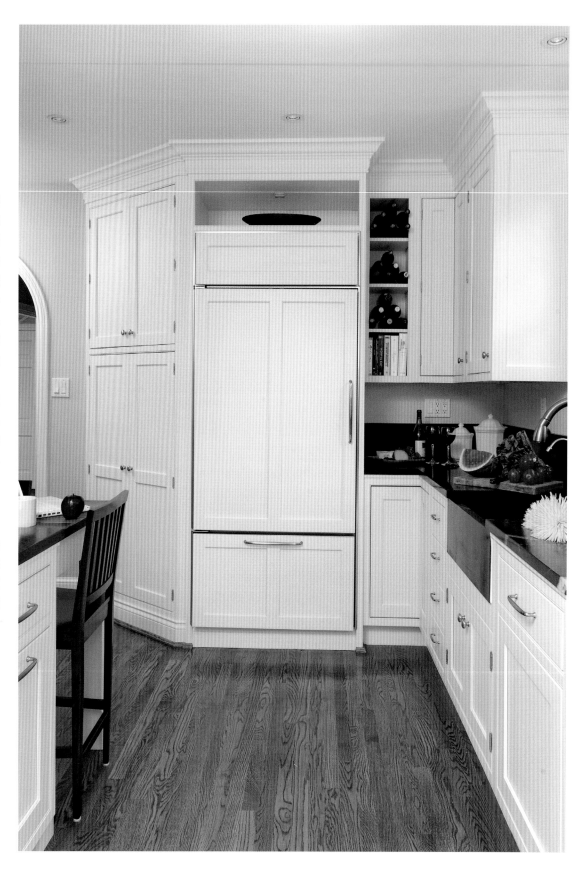

如此规定的原因是: 公司在设计、绘制草图、与客户碰面交流、寻找样品、打印设计稿、修改、重绘、承担邮资费用等各个环节中需要投入大量的时间和金钱, 客户交纳的这笔少量的定金几乎涵盖了几千美金项目的各个方面。客户有时对此项规定感到困惑, 因为他们的建筑师或室内设计师通常以小时计算获得劳动费用, 并且只有卖出产品 (主要是橱柜产品) 后才能获得报酬。

③ **测量您的空间**

测量数据必须准确无误, 这是大多数成功的设计师所达成的共识。尽管您能提供房屋的原始设计图、建筑师或承包商测量绘制的现有空间测量图, 但我们依旧需要亲自测量空间, 全权负责这一环节, 不依靠任何其他人来完成此项任务, 以确保测量结果的准确无误。

如果厨房是开放式的, 与早餐室或家庭活动室融为一体, 在测量橱柜和其余厨房空间尺寸时, 我们需要测量的是整体空间。

尤为重要的是设计师要考虑到那些连通空间。我们采用全面周到的方法完成工作, 以保证有足

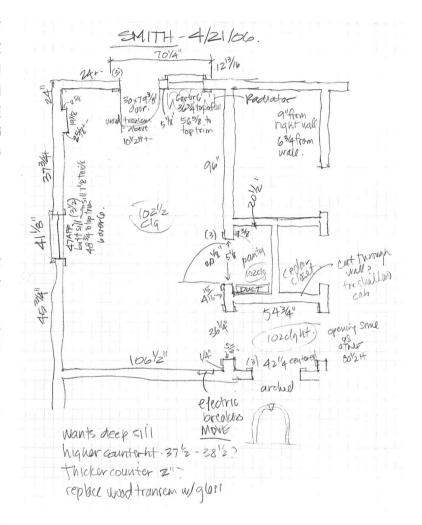

对页图: 直角储藏室既能提供充足的储藏空间, 又能缓解厨房的容量压力。嵌入式冰箱与橱柜更好地融为一体。冰箱以上到右边的开放式储物架既可以用来陈列物品, 也可以用来储藏红酒或摆放食谱。角落对面的砧板桌可以当餐桌, 角落里配有充电站、电视、开放式存储区和玻璃门吊柜。**上图:** "开工" 的实例。设计师在工作现场测量并绘制草图, 开始进入设计环节。

够的空间摆放餐桌或家庭活动室的家具，这是优秀设计师的标志特点。

我们从 A 点开始测量，测量范围包括整个空间。尽管有些区域不安装橱柜，但这一步依然重要，并设置为自动两次检测。这种设置的目的是电脑 AutoCAD 系统展示的空间布局，也是从房屋实际测量点的开始和结束。如果在电脑展示空间布局环节发现测量矛盾或错误，则必须马上返回寻找错误的具体位置。如果仅存在 1 英寸（2.54 厘米）的误差则说明墙体不正，这种情况不需要二次检测。

测量天花板的高度、窗户到地板的距离、窗户和门口的实际宽度也同样重要。如果有不可移动的暖气片或通风口，这些也需要标注出来并精确测量。

门的镶边可以采取不同风格，有的门镶边下边有一个厚点儿的底座；有的门顶部镶边与主体不同，这种设计干扰橱柜安装，并且两边多余的镶边外凸还影响美观。镶边的美感对于厨房的整体设计至关重要。事实上，我们应该考虑到房子其他部分的镶边，因为在大多数情况下，我们希望厨房里的新镶边能够与其他部分相配或互补。

测量时可能还会遇到新的问题，例如，哪些部分需要拆除或改建。墙可能是承重墙，拆除墙的费用可能很高，也可能不高。我们关心的是如何让抽油烟机高效运转，排风通畅。此种情况下，我们会在改变设计之前与承包商在房子里碰面，并商讨具体的工作事宜。

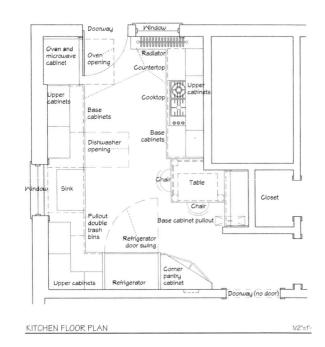

KITCHEN FLOOR PLAN   1/2"=1'-

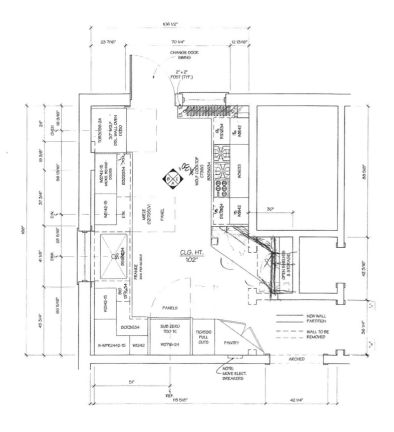

上图：本章厨房的实际平面图。**下图：**这是同一张平面图，展示的是设计师的具体想法，例如在哪里安放一张桌子。虚线表示被拆除的原浅层储藏室的墙。

4 读懂平面图

通过一张平面图或蓝图，即一张平面的二维空间视图，介绍您认识新厨房。这好比是一张厨房物理结构的鸟瞰图，精确细致地呈现厨房的规模、比例，绘制出所有的门、窗户、墙、橱柜、管道装置、电器，详细标注其具体位置和彼此间的联系。

参照门口和窗户的位置，在平面图上标注出墙、地柜、电器的位置。设想一下您在厨房里干活的情况：水槽两边的台面是否够大？能否放下待洗的碗碟？如果您手洗碗碟杯盏，是否有足够的空间放置一个晾碗架？冰箱附近是否有方便的地方收好购物袋？洗碗机前面是否留有足够的空间可以来回走动，便于放碗和取碗？

水槽一般安装在窗下——方便边洗碗边观赏窗外的景色。

洗碗机和垃圾桶放在水槽的两侧。如果地柜的容量比较有限，一些制造商会建议采用落地水槽，而水槽的底座处则可放置一个抽拉式垃圾桶，这种设计为垃圾处理提供了空间。

左边台面距右边炉灶台的距离至少要达到 24 英寸（61 厘米），这样才会有充足的空间挪移锅碗瓢盆。最理想的台面距离是 42~46 英寸（107~117 厘米），两个人在厨房忙碌也会活动自如、游刃有余。炉灶台与烤箱分开有助于增大厨房的容纳能力，可以容纳两个人同时烹饪。所以，您在看平面图的时候要考虑如何利用厨房空间。

读懂平面图之后，可以想象自己在房间里穿梭的情景，观察每个方向的布局结构，确保他们的设计完全满足您的需求。

在这张厨房平面图里，现有的浅层储藏室门和短臂面已经拆除。一张镶木板的厨房餐桌安置在拆除空间里，必要时餐桌可以充当烹饪准备区。冰箱的左边放置了一个墙角柜以增加储存空间。独立设计墙上的烤箱和炉灶台，则可以确保两个人能够同时烹饪。因为空间有限，所以不能设计独立的储藏室，故在入口处安装了一个抽拉式橱柜，使食品杂货和罐头食品可以储藏在那里。

大多数设计师和建筑师会使用 CAD 软件来绘制平面图，标注每面墙的高度，帮助您进一步完成空间布局设计。

CAD 软件能够设计出三维绘图，您可以在拆除之前在空间里"行走"，切实感受项目完成之后的景观。在实际动工之前做出任何改变都会相对容易些。

5 制定平面图和立体图

这是一个循序渐进的过程，根据客户需求绘制草图，微调细节，做出修改，直到客户完全满意。在尺寸数据采集之后，需要再次返回样板间，绘制设计"如实"平面图。绘制"如实"空间图时要用虚线标注出需要拆除的墙。平面图通常比较简单，只要展示出橱柜布局和电器的摆放位置即可。

如果两种方案在新的设计里都切实可行，那么我会提出几个选择与您商讨。

一切准备妥当之后我们会与您联系见面，详细解释各部分设计以及设计原因。大多数情况下，这个设计图与我们之前碰面协商的设计相似，但有时在具体绘制时会做出些许改动。这次会面的时候我们需要全力研究哪种设计布局对您最为有利，最大程度满足您的需求，更深入讨论设计细节我们也将商量决定电器的基本款式、大小、型号，作为您日后选购的参考。这次会面可能会持续1~2小时。时间过长双方都会感到疲乏，注意力难以集中。

我们会对这次会面提出的修改建议和补充设计做好笔记备注。因为空间布局设计已经处于最后阶段，我们将绘制一张简单的立体墙面图，站在图前仿佛站在墙前，更立体直观。

我们将把大多数简单细节融合在一起并在下次会面时参考商讨。

下次会面时，我会提醒您前期的平面图和立体图仍处于初级阶段。一起增添细节时，您会看到现有的设计图。大多数客户喜欢参与这一环节，但是一小部分客户不想参与其中。我不得不估量客户的喜好并事先填补设计细节。这一步需要针对平面图再次商讨修改并增添更多细节，然后将描图纸放在立体图上。我会绘制门的细节，用隔板置物架替换壁橱，设计岛台桌腿的形状，确定抽油烟机的风格……在这次会面接近尾声的时候，我们会拿出一份更详细完整的绘制图，这是双方共同努力的结果。客户看到设计图后非常开心，新的厨房跃入眼帘、栩栩如生。

然后我们会将这些想法融入 AutoCAD 效果图中，反复修改完善填补细节，仔细复核尺寸以确保准确无误，并在最后给出橱柜的报价。

⑥ 招标工作

承包商通过完整详细的设计图能够清楚了解该项目包括的具体工作。我们会预约一个时间在房子里见面并进一步商讨所有细节问题，例如，哪些墙需要拆除；哪些地方需要修砌墙；电器应该或不应该摆放在那里；地板、替换窗户、门以及其他相关部分该如何规划。

承包商还需要知道如何设计照明系统以及处理系统升级的问题。我们用铅笔在设计图上做出标记，开工之前用 AutoCAD 软件在立体效果图上正式标注出来。

承包商做好笔记，然后根据各自的时间安排在1~2周之内完成投标工作。承包商也许会带一位分包商到您家，他们需要另外一位专业人士来确认报价是否准确。至关重要的是，承包商投标这个项目即承担所有工作。与建筑师合作也应遵循同样的流程。

⑦ 做出额外的更改

与承包商在房子里见面商讨时也许会发现一些新的障碍问题，需要重新调整设计方案。例如，我们不能随心所欲地拓宽窗户，因为承重墙需要一个支柱来支撑横梁补救工作通常不难开展，修改工作也是轻而易举的。

但是，有时变动比较复杂，这意味着我们需要重新设计某一区域。例如，如果四周通道空隙不大，岛台的设计就需要调整。这些变动所产生的费用包含在预付费用之内，因为这些变动是由施工现场条件造成的，而不是客户改变想法造成的。

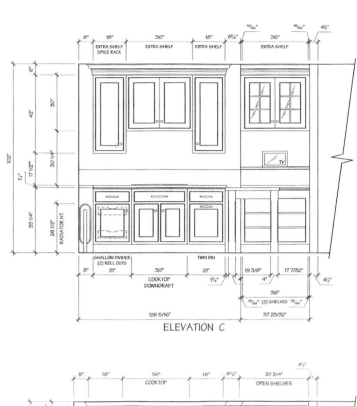

ELEVATION C

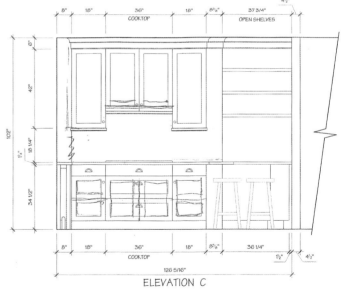

ELEVATION C

左上1图: 拓展暖气上方的皂石台面能够增加一些空间,在上面上放一杯酒绰绰有余。左上2图: 改造一个小储藏室不仅为厨师的砧板提供更大的空间,而且改装成为一个充电站和媒体站,还可以在下边开放式储物架里摆放物品。右上图: 最终设计图需要经过客户的同意认可。最左边地柜上的虚线表明柜内存放旋转托盘,最右边吊柜上的虚线表明吊柜安装的是竖框玻璃门。左下图: 炉灶与烤箱分离,烤箱安置在炉灶对面的墙上,这样腾出的空间可以安装一整面墙的厨柜。下边的抽拉式抽屉可提供额外的储物空间放置锅碗瓢盆。右下图: 这是设计过程中突然灵感迸发的证明,设计师在 CAD 效果图的基础上作的手绘图。在地柜中使用堆叠式抽屉来代替常见的抽屉和门; 右边的开放式储物架用来代替壁橱。(设计: 詹妮弗·吉尔默)

⑧ 完成合同计划

拍拍背，放轻松，设计完成了！橱柜和其他材料已经定价（或优惠政策）完毕，承包商负责提供报价。现在正式启动项目并签订合同。第一步是橱柜和电器合同。电器和橱柜要同时敲定下来，因为橱柜已经预留出电器和前挡板的尺寸。签署安装合同也同样重要，一定要与承包商预约好安装时间。橱柜的交货期一般是 8 周，最多延长到 12 周，这取决于柜线和产地。在等待橱柜的交货期间，我一般会集中精力选择其他材料，这些材料的交货期则比较短。

⑨ 实地考察材料

所有设计师的工作方式都有所不同。有的推荐您去某个瓷砖店或找某位石材经销商购买所需材料；有的干脆放手让您自己把材料配齐；有的帮您选择材料或预先把关，列出瓷砖和台面的几个备选让您自己最后决定。您需要问问设计师具体怎么处理。

我的建议是，您亲自去瓷砖和石材商店实地考察看看建筑材料，这样您能做到心中有数、决策不慌。若带着多个选择走进瓷砖和石材商店则会干扰您的抉择，使您畏手畏脚。

我经常说，"让我们到店里随便逛一逛。让我看看什么能够吸引您。"一旦这么做，我会很容易把您引入正确方向。

我按照自己的计划进行实地考察。当客户选好几款备选瓷砖，我会在设计图中把它们安装在背景墙或地板上的样子描绘出来。比较两款瓷砖就可做出选择，因为瓷砖有独特的尺寸和形状，一些瓷砖更适合家里的设计。另外，价格也是一个重要的决定因素。我们必须确认砖面特性是否适合各家实际情况：一些地砖很光滑，适宜部分家庭使用；亚光大理石瓷砖比抛光瓷砖更容易隐藏划痕。对于背景墙，只需要保证瓷砖易清理、与台面图案不冲突就好。瓷砖专家比厨房设计师更专业，他们有着丰富的产品知识，合理分析您的不同选择，提出合理化建议。

当瓷砖敲定之后，我们再来看看灌浆样本，选择一款与瓷砖图案和风格相匹配或迥异的灌浆。大多数情况下，我会建议风格相匹配的灌浆，比较和谐融洽。

如果时间尚早且体力允许，我们可以去灯具专卖店逛一逛，挑选一下装饰灯：现代吊灯、水晶吊灯、烛台。如果时间紧张或体力不足不能亲自到实体店考察，我会在网上搜索灯具然后发送给您我的推荐款式。

我们在办公室收集所有信息，计算出建筑面积并从供货商那里拿到报价。下一个要签订的合同是一切货物交付必须履行的交货时间表。

⑩ 制定工作计划、现场访问、付款时间日程表

材料定金是全款的 50%，尾款在发货前必须全部结清。在安装方面，所有承包商都有自己的付款日程表，但一般都需要交付全款的 30% 作为定金。随着项目的推进，一部分一部分款项需要依次结清。在我们设计、订购材料和到货之后，承包商接手整个项目。他们通知我们何时安排各种送货、做出应对措施、通报工程进程，以及处理施工过程中出现的问题。

对页图: 橱柜门和抽屉正面都要嵌入橱柜的面框里去，这是经典橱柜设计款。橱柜的拉手和旋转把手与这种设计相得益彰。
（设计：詹妮弗·吉尔默）

另外一部分钱款要在台面安装之后交付。最后的尾款要在工程完成之时交付。如果前期已经交付 90% 的钱款，最后的 10% 则要在工程竣工之后交付结清。尾款结清之前务必与承包商和设计师重新检查下项目质量，以确保所有工作都令您满意。

拆除和施工需要一段时间，这个时期耐心等待尤为重要。许多房主喜欢在家里的其他地方，如地下室或洗衣间，设置一个带有烤箱和咖啡壶的小型临时厨房以解燃眉之急。地柜安装之后开始测量台面。台面的制造和安装一般持续 1~2 周的时间。

在拆除工作结束、橱柜交货一两天之后，设计师应该到现场看一看并与承包商碰面。设计师可以利用这个机会回答承包商的问题并贴心提示不常见的安装细节。大多数设计师不能每天都在施工现场出现，他们大多指望承包商或房主主动汇报进展。如果项目计划做得全面详细，承包商以前与设计师合作过，设计师则不需要经常到施工现场勘察。如果选择自己找的或别人推荐的承包商，则必须经常与设计师沟通，及时解决施工过程中出现的问题和小故障，减少冲突麻烦以便后期顺利安装。

⑪ 避免危险信号

房子存在的问题可能在安装过程中显露出来。应该事先做好心理准备，尤其当您住在一个老旧的房子里。房子可能被白蚁侵蚀，水管上有针孔大的漏点，房屋质量差，安装新的家用电器、先进的照明系统和电脑迫切需要电路系统升级。房屋存在的老旧问题急需解决以符合安全居住标准。如果涉及房屋维修，承包商一定要做好准备更改调整订单内容并计算额外工作的费用。这个环节确实增加了施工成本，但对新厨房长期无忧使用至关重要。

⑫ 处理变化的订单

变化的订单意味着合同发生变化但是变化条款没有写在合同里。可能有朋友已经警告过您，变化的订单会增加成本，有时数额巨大。多数情况下，这些朋友不仅改造厨房，还整体增添了不少配置。单纯的厨房改造一般不会发生订单改变，因为所有的材料已经选购好、价格已经基本确定。上述提到的不可预期的一系列问题可能导致订单发生改变，但这种改变一般不会造成巨大的花销。而且这些订单变化所带来的花销十分值得，不仅可以改善房屋的居住条件，避免进一步损害，还能使房屋符合安全居住标准，让您住得更安心，日后出售转卖也更加容易。

但是，如果您改变想法，想要一个小的条形水槽或双层岛台，那么订单的改变将会影响工期进度并增加花销成本。请尽量避免此类改动或事先做好准备。

倒计时

现在就可以在房间里不贴瓷砖的地方贴壁纸啦。您的活儿也差不多完成了，就等拆掉冰箱和橱柜的包装，装满东西，再扯掉上面的泡沫薄膜了。

为避免不切实际的期望,请不要幻想工作会在一夜之间全部结束。一般的内部装修工作在所有材料备齐的情况下需要 8~12 周才能完成。因为设计需要一段时间,您必须在原工期的基础上增加一个月的时间。同时,您需要清楚不是所有设计师的能力、性格都相同,即使设计同一个样板间也会有差异,所以请选择一个能力更强,与您的计划、工作框架、个性更相投的设计师。

经验:

从一开始就要做好心理准备,可能会有一些意外情况使工期延误几周。请在地下室或别的房间设置一个临时厨房。况且装修容易造成身心疲乏,也请在施工期间给家人一些奖励,如橱柜安装之后在大家都喜欢的餐厅一起聚餐放松一下。

上图: 墙壁和天花板已经脱钉; 橱柜安装之前在这个区域准备开始进行绝缘和板墙施工的工作。

第三章

12个装修问题

好的设计不是凭空而来的。为了您的项目能够顺利开展、及时推进，提出正确的设计问题至关重要。很幸运，您有一个厨房设计专家帮您做出选择，在拆除工作开始之前回答您的问题，所以不需要中断项目计划和安装进程。

① 选择哪种内嵌灯？

白炽灯即将过时；卤素灯虽然节能，但释放很多热量，需要经常更换灯泡；LED 灯利用发光二极管照明，普遍受到欢迎，这也是未来的发展趋势。

高效照明灯的工作方式是通过半导体材料的电子运动形成小的光源进而汇聚光源提供照明。在照明过程中少量热能从灯具后边释放出来，如果灯具安装正确合适，摸起来是凉爽的。因为 LED 灯有很多好处，所以应该坚持让承包商安装此类灯。日后出于节能减排的考虑，政府会规定要求所有的灯都换成 LED 灯，所以应该趁早选择免去日后的麻烦。许多电工不太喜欢安装这类灯，因为安装技术很前卫，所以他们会说这类灯价格昂贵。但是，现在 LED 灯的成本已经降低。虽然现在看起来前卫，但从长远看，这类灯的使用寿命长，性价比也更高。当选择普通照明灯时，灯泡的直径不能超过 4 英寸 (10 厘米)；如果悬挂在台面和桌子的上方，灯泡的直径应该为 2 英寸 (5 厘米)。如果要求照明灯能够调节亮度，您则需要提前告知承包商安装特殊的控制开关。灯光具有十分独特的定位效果，如果想要把光打满焦点墙上或把视线焦点放在开放式书架或艺术品上，安装灯具是不错的选择。良好的灯具设计会使厨房具有层次感，明暗突出，温馨别致。

② 您推荐哪种橱柜灯？

LED 灯是必须采纳的安装建议。LED 灯泡比其他灯泡更为结实耐用。"冰球"灯具有聚光灯效果，虽然亮度好，但是会放射出大量的热能，甚至能够加热橱柜里的食物。而 LED 灯却没有那么热，且灯光更稳定均匀，亮度足够满足厨房需要，例如，站在砧板前切碎食材毫无压力。

对页图： 由詹妮弗·吉尔默厨卫设计室的设计师劳伦·黎凡特·布兰德 (Lauren Levant Bland) 设计的这个厨房巧妙地将三种精细家具元素融合在一起——白漆枫木、热轧钢面墙和抽油烟机。岛台上摆放的是仿真蜡染樱桃。这种设计将各个独立的元素和谐融洽地结合在一起。

为了使设计不显得突兀，詹妮弗·吉尔默总是建议在橱柜的底部或悬在外边的隔板上安装内嵌LED灯带。虽然灯带发出的光比较昏暗，但有利于营造气氛，而且不用增添额外费用。

③ 装饰灯展示区

有几款灯具需要考虑：现代吊灯、水晶吊灯、烛台。这些灯的价格一般都很合理，仅仅选购几款就够了。您可以随心所欲地选择喜欢的灯具而不用担心价格过高。仔细挑选一款既可以提升整个房间的美感，又符合自己品位的实用灯具。一定要让承包商知道您的喜好和个性。灯具安装时，您最好在施工现场，事先讲明建议和偏好；

如果您不告知，承包商会按照固有经验从照明采光的角度安装灯具。

安装期间尤为重要的是，承包商要拿着灯具在天花板上确定最适合的安装高度，既能达到设计效果，又能满足厨房工作的照明需要。悬垂吊灯安装时要稍微低一些，但是不能太低，不能遮挡餐桌和岛台的光亮。可以用万能拇指规则衡量一下：离地面 66 英寸 (1.7 米)，不超过 72 英寸 (1.83 米)。枝形吊灯要安装得高一些，但是不能太高，主要取决于天花板固定装置的风格，一般离地面 72 英寸 (1.83 米) 到 84 英寸 (2.1 米)之间比较适宜。灯具固定后您可以看到整体效果，随时调整直至效果达到最好。

对页图：房子的后部原来是废弃掉的老旧厨房，将这部分扩大改建，可通过降低天花板的高度来使整个房间的比例更合适。深色胡桃木地柜与夹层玻璃板门墙柜搭配协调；矩形凸窗设计营造视觉上的层次感。**上图：**房子前部突出形成一个带炉灶的矩形凸窗。一体式炉灶和抽屉橱柜的两边是矮地柜，这种设计能充分地利用空间。层叠玻璃砖背景墙营造出现代感。（设计：詹妮弗·吉尔默）

④ 门的球形柄和把手应该安装在哪里?

这个环节需要与承包商商量安装的最佳位置,您的厨房设计师最好也在现场。橱柜门上的球形柄一般安装得比较低,如果没有特殊要求,安装得稍高点儿会好一些。壁柜安装球形柄的最低点应该是中心面板的位置或距离中心面板几英寸的位置。如果安装的是把手,把手的底部应该与中心面板开始的位置持平。

如果是安装抽屉上的把手,尤其是下边的抽屉把手,应该安装在比顶部抽屉的中心位置高一些的地方。对于三合一集成洗碗机、制冰机、葡萄酒冷却机,不要认为把手越大越好,选择同其他门、抽屉使用相同尺寸的五金件就可以。为全集成或半集成冰箱安装五金件的时候要格外谨慎。承包商总觉得把手应该往高处安装,结果往往高出实际需要。可以用万能拇指规则衡量一下:把手的底部距地面 36 英寸(91 厘米),也就是说,把手底部大约与柜台同高;从工效学角度讲,这个高度最能发挥把手的工作效能。

上图: 左边是Sub-Zero嵌入式冰箱,完全嵌在橱柜里边。詹妮弗·吉尔默在右边设计了一个18英寸 (46厘米) 的储藏室,高效合理地利用了厨房空间。在这个巨大的47英寸 (119厘米) 宽的落地橱柜的上方有一个开放式隔板,可以用作装饰展览区,减少落体橱柜带来的厚重感。**对页图:** 装饰类的硬件一般有不同颜色可供选择,建议在厨房里增加一些价格不高、时尚前卫的装饰品——即使便宜的橱柜安装新的球形柄和把手也会抬高整个橱柜的档次,这是用最小的投资升级厨房的不错选择。

⑤ 自来水龙头和其他装置在哪里安装？

钻孔的时候您必须在现场确认合适的钻孔位置。出于某种原因，一些承包商或台面安装师认为 4 英寸（10 厘米）是孔与孔之间的合适距离。这是一个大错误！自来水龙头通常放在中间，无论水槽是什么风格。如果水龙头在两侧各有一个水阀，或单独一侧有一个水阀，那您必须预留出足够的空间，保证空气处理开关和水龙头喷口与手柄之间有足够的空间，否则设计失败，使用不得力。

对于大多数水槽而言，水龙头中心和其他装置之间应保留 8 英寸（20 厘米）的距离。如果水槽小，6 英寸（15 厘米）的位置也足够了。注意这些装置安装时的朝向。如果您惯用右手，如左手拿着玻璃杯，右手按压手柄，水龙头的喷口应该朝向左边。空气处理开关应该安装在右边，这样您每次使用水龙头的时候就不会越过水龙头或者横穿水龙头。如果您惯用左手，安装方向则相反。

对页图： 为了突出坚固石槽的美丽曲线，詹妮弗·吉尔默把亚洲风格樱桃木橱柜的前部切割掉一部分，整个设计看起来更和谐统一。同时加入其他元素作为补充：铜锈绿色铜桌面、深窗框、古色古香铜和黄铜水龙头。**左上图：** 纤细的水龙头在喷漆绿色玻璃背景墙的映衬下具有雕塑立体感，纯色砧板与全黑亚光花岗岩台面相映成趣、完美和谐。**上中图：** 厚重混凝土台面与耐火农舍风格水槽相配，右边是过滤水龙头，左边是独立的喷头。**右上图：** 独立的汤锅注水龙头十分便利，可减少来回搬运重物的麻烦。

6 抽油烟机风罩的安装高度是多少?

一定要注意抽油烟机的风罩不能安装过低，否则会撞头。客户对现存厨房最多的抱怨就是这个安装漏洞。

电器公司一般建议风罩距离台面30英寸(76厘米)，因为风罩距离炉灶越近，效果越好。这个说法是对的，但是如果您总撞头，那就不对了! 您可以自己计算一下，30英寸 (76厘米) 加上台面高度36英寸 (91厘米)，再加上风罩66厘米 (1.7米)。如果您比这个高度高，那您每次来到这个区域就会撞头。这种情况下，风罩的高度就需要提高，距离炉灶33英尺(83厘米)到36英寸(91厘米)，仅仅降低抽油烟机使用效能一点点，但是您站在那里做饭的时候会非常舒服。

对页图：老式钢制风罩与新式橱柜搭配相得益彰，橱柜工艺考究，烤漆过程复杂。为了增加年代感，在设计中添加工匠风格的带式铰链和手绘背景墙。**左图：**考虑房主身高的需要，风罩安装得比制造商建议的高。虽然风罩的工作效能略微降低，但房主在炉灶旁做饭的时候会更舒服。**右图：**高天花板与木横梁的设计留出足够的空间来安装巨大且带有华丽造型的板式风罩。右边窗户照射进来的自然光直接反射在炉灶上，这种设计有利于提升采光效果。超大的天然石板瓷砖与花岗岩台面、赭石背景墙完美搭配，和谐统一。（设计：詹妮弗·吉尔默）

(7) 如果空间允许，我应该安装单盆水槽还是双盆水槽？还是一大一小两个水槽？

最近许多客户喜欢选择大的单盆水槽，一般 30 英寸（76 厘米）宽。个人认为，大的单盆水槽受欢迎是因为手洗盘碗杯碟的时代一去不复返。烤箱烤架、烤锅、曲奇烤板、烘焙盘变得越来越大，大而宽的水槽用起来更顺手方便。如果您想要同时做两件事，例如，既要有空间放置待洗的杯碗碟盏，又要有地方清洗、去皮蔬菜，您可以在水槽上放一个大盆来盛装蔬菜，这样待洗的杯碗碟盏就有充足的摆放空间。

水槽的前后尺寸随着时代的发展也在逐渐变大。如果水槽宽 30 英寸（76 厘米），前后尺寸仅 16 英寸（40 厘米），那看起来像檐槽。我们应尽量选取前后尺寸为 18 英寸（46 厘米）的水槽。尤其需要注意的是，如果背景墙和窗台板比较厚实，那么安装水龙头可能费劲一些。这个时候水阀应安在最上面，而不是在旁边。

如果厨房空间允许，安装一大一小两个水槽则非常明智，一个用来洗洗涮涮，一个用来烹饪准备。备用槽要在随手工作的范围之内，不能太远。如果空间有限，则可以选用 12 英寸（30 厘米）到 15 英寸（38 厘米）宽的备用槽；如果空间允许，选用 18 英寸（46 厘米）到 24 英寸（61 厘米）宽的水槽最好。这个水槽具备两个功能：不但可用作备用槽，还能充当锅碗瓢盆的额外洗涮区。

对页图： 两个耐火黏土嵌入式水槽是这个厨房的设计亮点。一个是长方形的工作槽，30 英寸（76 厘米）宽，18 英寸（46 厘米）深；另外一个是圆形准备槽，距离炉灶（图上未显示）很近，用来处理相对小的厨房工作。

8 我的背部有疾病。当我站着做饭，在厨房四处走动时，选用哪种地板更有利于背部健康？

实木地板是最佳选择，其柔韧度比瓷砖好得多，并且易修复，经年累月依然可以保存完好。客户担心地板容易磨损，发生断裂，这些情况的发生大多是因为多年没有做好保养。每隔 5~8 年地板需要抛光一次。这个过程不需要扬沙，因此抛光过程不会产生灰尘。简单地抛光地板要比用新的瓷砖或乙烯基板替换全部地板划算得多。

乙烯基、梦梵丽（一种升级的、无毒的油毯）、软木是有背部疾病人群的不错选择，还可根据您的具体需要做成地板款或瓷砖款。如果您选择乙烯基，那实心的乙烯基瓷砖便值得推荐，非常结实耐用，但比实木地板要贵一些。

9 吊顶的优缺点各是什么？

吊顶是厨房装修一直都有的一道工序，其原因是：承包商偏爱吊顶，因为它减少了墙柜的高度，降低了橱柜的成本。同时分包商还可以找工匠在吊顶里完成许多工作，如铺设楼上浴室的水管道、电路线和通风系统，既省力又加快施工进程。因为不得不调整管道布局，所以我们要定期拆除一些吊顶，虽然有时增加了安装成本，但设计更美观合理，搭配更和谐。

在一些情况下我们也保留吊顶：吊顶在天花板上提供一个隐藏横梁的空间；覆盖楼梯，阻碍其延伸到房间；掩盖 LED 或低压照明转换器；提供一个安装嵌入式灯具的空间。虽然吊顶好处很多，但我不喜欢这种设计，因为灯具在橱柜上会产生亮斑。

左图： 厨房里的吊顶讲究结构效用，具有固定安装位置的功能。为了突出吊顶设计，木梁没有装入板墙里来增添有趣的建筑元素。**右图：** 因为房子特别高，故设计师采用配有顶冠饰条的方格天花板来增添视觉效果。橱柜上方的多层顶冠饰条一直延伸到天花板，这就需要在抽油烟机的上方设计吊顶。（设计：詹妮弗·吉尔默）

(10) **同一个空间里不同的颜色、纹理、图案最多能有几种? 例如, 台面和背景墙使用相同的材质是不是更好一些?**

值得注意的是, 您的厨房是不同颜色和纹理的融合, 色彩搭配合理、纹理相配协调才能使整个厨房和谐漂亮。客户经常犯的一个错误是喜欢某个单品, 但没有考虑到它与厨房其他物品的搭配。如果您喜欢有图案的台面, 那么选择背景墙的时候就需要注意与之搭配, 不能冲突。太多复杂的图案会令人眼花缭乱, 使房间显得杂乱无序。把厨房想象成一幅画, 就像大师级的作品一般只有一个主题, 作品中的其他元素都是配角, 目的是把目光吸引到主题上。

如果您的厨房是线条明快的现代风格或极简风格, 那么就要避免使用复杂的图案。纯色和几何图案能够彼此互补, 但切记不要将过多的颜色杂糅在一起。厨房具备治愈功能, 给人一种"温泉浴场"的暖意融融, 这其中的奥妙就是采用单色系。

如果是传统风格或过渡风格的厨房, 则可以选择带图案的瓷砖或台面, 但是两者不能同时都有图案! 如果橱柜采用的是漂亮的异域风情的木板和油漆罩面, 就一定要保证所有的材料都是简洁明快的设计风格。

对页图: 三种颜色的巧妙使用会产生赏心悦目的效果。组合吊柜采用的是白漆视线等高的橱柜和蚀刻玻璃镜前板。砧板台面、早餐吧台、岛台上的隔板颜色一致, 与核桃木地柜交相辉映。**左上图:** 石头材质的瓷砖雕刻成波浪形状。**上中图:** 在设计中采用镶嵌玻璃突出露菲斯板材的华丽高端。**右上图:** 烹饪墙上的地柜和风罩采用热轧钢板, 背景墙采用旧漆木纹理瓷砖打造原生态效果。(设计: 詹妮弗·吉尔默)

11 **我听过许多关于炉灶、嵌入式灶具、墙内炉的不同建议，哪个最好？哪个具有过度杀伤力？**

如果经济条件允许，厨房里安装两个烤箱是不错的选择。双烤箱既不美观又不实用，很少有机会发挥最大优势。一个大的 36 英寸（91 厘米）炉灶或嵌入式灶具，下边配一个 36 英寸（91 厘米）烤箱更值得推荐。至于第二个，可以选择小的、约 24 英寸（61 厘米）的墙内炉。还可以考虑选用烤箱微波炉二合一的设备，既满足各自功用，又可以联合起来加快烹饪速度，烘焙曲奇、烤制肉类、快速加热。二合一设备的一系列功能可以更好地满足日常生活的需求。

如果您仅需要一个双烤箱，则可以考虑放置在橱柜里，用时抽出来，不用时盖上双层折叠门放在橱柜里收好，既节省空间又干净整齐。

上图： 詹妮弗·吉尔默设计的这个德式厨房，使巨大的伏尔甘灶台在定制的内嵌式风罩的衬托下棱角分明。这种设计拓展了灶台的宽度，重心集中在台面上，使台面四周嵌入壁龛里。**对页左图：** 将挂式烤箱、对流烤箱和电热屉堆砌起来，留出宝贵的台面。**对页右图：** 厨房里巨大的木质元素被巧妙地设计成24英寸（61厘米）深的橱柜，以容纳烤箱和电热屉。橱柜三分之二处设置一个台面，台面上方安置了一个12英寸（30厘米）深的吊柜。中心是开放空间，最上边的橱柜采用玻璃门设计来减少整个组合柜的厚重感。（设计：詹妮弗·吉尔默）

注意：

请避免选择太多进口或独一无二的装修材料，因为它们可能无法如期到货，也可能有时存在问题需要退货。从意大利订购的固定装置可能滞留在纽约海关，这意味着您的时间表不得不因此而调整。

经验：

按照工程进度表进行施工，准备好备份选择；仅从经验丰富的公司订购货物，否则就要做好延期的准备。确定您在签署合同的时候已经想好后路。橱柜的交货期最长，需要 8~12 周，您首先要考虑到这个问题，因为它关系到项目的整体进度。您需要了解每个组件大概的到货日期，例如从意大利进口的灯具可能 3 个月后才到货，心中有数会帮助减轻焦虑感。

注意：

请避免从小公司订购太多货物，因为小公司运营状况不稳定，在施工期间或工程结束之后有可能会倒闭。

经验：

手里要有一些后备资源，当工期延迟时要做好心理准备，调整好心理情绪。无论从哪个公司订货，都要事先调查这个公司的实力和财务稳定性——如果这家公司经营了很长时间，那么发生问题的概率就比较小，即使出现问题也会积极处理应对，

比独资手绘瓷砖或陶瓷水槽公司可靠得多。家居产品制造商在经济低迷时期遭遇重创的可能性最大，因此在选择订货公司的时候要格外谨慎，保证您所选的公司在问题发生时有应急预案，具备快速解决问题的能力。

12 **应该何时处理橱柜与天花板的交接处？最好何时在上边留一些空间？**

这个问题牵扯到许多因素。如果您的厨房是线条明快的现代风格或极简风格，那么橱柜上方就应该留出开放空间。这是典型的欧式风格，房间尽显宽敞通透。欧式设计一般将橱柜悬挂在墙上，因此墙上要留一些空间安装铰链横档。如果天花板非常高，而且橱柜从地板一直贯通到天花板，高达10英尺（3米），则很容易产生压迫感，同时橱柜太高也会使用不方便，与整个房间家具的比例不相协调。

许多客户担心橱柜上方留出一段空间会积聚灰尘，如果这样的话，我们可以设计将橱柜一直延伸到天花板。假如天花板有8英尺（2.4米）高，那就在天花板和橱柜之间留出一定距离并增添皇冠装饰细节，这样会最大程度地留出储物空间。

在许多厨房设计里橱柜看起来像独立的"家具"——一件高高的家具放置在餐具室或陈列区里。为了更好地发挥功能，橱柜与其他壁柜不同，不能一直贯通到天花板上。这件家具要看起来像"现成的"，实际上是组装之后放置在厨房里。一件买来的"现成的"家具很难完全适合厨房高度，像其他柜子一样严丝合缝地与天花板对接。令人欣慰的是，大多数情况下这种设计使厨房更富有变化、生动有趣。

对页上图： 在这个比利时风格的厨房里，墙柜完全被省略掉，石头墙壁上仅挂有一个抽油烟机，这是典型的欧式风格。为了弥补储藏空间的缺失，对面是一个超大的落地储藏室。**对页下图：** 为了获得更大的存储空间，吉尔默安装了一排落地壁橱。**上图：** 这些墙柜在安装的时候离墙5英寸（12厘米），令人产生一种错觉，仿佛这些墙柜是悬挂在瓷砖墙上，这种设计在欧洲备受青睐。（设计：詹妮弗·吉尔默）

第四章

在厨房里拯救地球

我们正处于可持续发展的变革中，在大背景影响下许多房主改变了他们的厨房设计理念。
我们面临的挑战是既要做到低耗环保，又要在预算之内满足客户的所有需求。

EvoDOMUS 设计公司是一家环保家具预制公司，米歇尔·科尔比 (Michelle Kolbe) 是这家公司的 COO (首席运营官) 和共同创立者。科尔比将很多重要元素融入可持续厨房设计中，彰显房主推崇的环保理念，近几年这种趋势逐年增多。她认为这种设计深谋远虑，对地球、家庭和个人健康都大有裨益。

她建议房主在实施必要步骤前询问一些基本、通用的问题来评估优先级：

• 这样做是否更健康？如何做？
• 怎样做才能坚持使用可持续环保材料和产品？
• 耐用性如何？产品能持续使用多久？我需要在 10 年或 20 年之后更换产品吗？
• 与普通产品相比，环保产品通常比较贵，还有一些更贵。我在经济上能承受得了么？

好的设计方案和绿色环保产品是这个过程中两个重要的元素，尽管不是所有绿色的东西都是环保的，但仍有很多能源消耗少、工作效率高的材料和设备可供选择。与非持续性产品相比，环保产品对包括室内空气质量在内的环境的影响小得多。

根据科尔比的建议，如下几条应该被列为首选：

• 选择没有甲醛胶水的环保产品和建筑材料，这样就不会释放出有害的挥发性有机化合物（零到低 VOC）。
• 节能。密封空气泄漏处；在墙上、天花板上、水管周围添加绝缘层；安装双层玻璃窗；选用高效能的厨房电器和照明灯具；尽量选择利用太阳能的产品和设计。
• 尽量多选择本地来源的材料，有利于减少运输成本和燃料消耗成本。

随着时代的发展，越来越多的新厨房和改造厨房都会采用环保设计。科尔比等一些专家主张环保产品和设备不必被区分开来。为了适应时代的快速发展，应对所有变化，不同的厨房应该考虑不同的设计建议。

对页图: 为了满足房主防过敏的需求，詹妮弗·吉尔默设计的厨房采用 LEED 达标环保级别材料: 竹地板、橱柜、2.5 英寸 (6.3 厘米) 厚的横纹竹砧板台面。所有环节都使用 VOC 含量低的面漆和涂料。

① 绝缘

常见的粉色玻璃纤维有几种环保型替代品，它们不会对皮肤和呼吸系统产生刺激，也不会向环境释放有毒有害物质，硬质泡沫绝缘体也是这样。其中两种替代品分别是再生纤维纸和矿物棉。再生纤维纸具有很强的锁水功能，控制水分内外转移，极大地减少了空气流动；矿物棉由玄武岩岩石提取物和一种天然产品结合制成，结实坚硬，可以在地面和薄膜屋盖下使用。

② 地板和橱柜

木材是一种极好的可持续环保建筑材料，注意选用 FSC（森林管理委员会）认证的木材。经认证的木材来自于可持续生长的树木，而不是来自于热带雨林。这样的木材可以用作实心、再生和复合（预制木材）地板。

③ 橱柜

橱柜的正面和内部箱体一般是由甲醛胶带或胶水黏合颗粒板、胶合板和纤维板制成。我们建议房主尽量选择无甲醛、VOC 含量低的替代品，即 FSC 认证的颗粒板、胶合板和纤维板。如果橱柜是现代风格，请考虑选用层压或机器切割的高光烤漆无毒 MDF 板和颗粒板，这两种板材使用了一棵树的所有部分。此外，无毒工业级松木颗粒板可以作为最佳选择，因为它不含甲醛，环保级别超过所有空气质量和排放的标准。

④ 地板

软木、竹子、瓷砖和再生木材、特制木地板都是不错的选择。木材越硬越好，硬地板耐磨，不容易塌陷，使用寿命长。科尔比喜欢经 FSC 认证的胡桃木和美洲山核桃木，材质坚硬，而且在美国境内容易获得。黏合剂将不同方向的纤维粘合在一起。如果您选择复合地板，请避免在地板和接缝处使用含有 VOC 的黏合剂。

另外，一些人喜欢纯天然木地板或打蜡地板，这在欧洲尤为流行。精加工木地板的硬度比较高，所以备受部分人青睐。加工木地板在工厂里进行喷漆涂层，因为经过加工处理，所以回家安装时所有毒素已基本耗尽。

竹子是生长迅速的禾草类植物，VOC 含量低，可以压成实心木板，不仅硬度高、稳定性强、结实耐用，而且有不同的花纹、色调和颜色可供选择。竹子生长快，周期短，在全球范围内被公认为是最理想的可再生资源。但是一些人认为竹子的硬度不够，如果安装部分对木材硬度要求高，那么竹子就不能胜任。

软木是一种可再生、低排放材料，这意味着软木不渗漏有毒气体。软木地板是由软木颗粒压铸而成的可再生地板，适配度和舒适度比较高。从木材收割到地板安装，在所有地板材料里软木是最可持续、无毒、健康的环保木材。不过，由于现在还没有见过使用超过 10 年的软木地板，因此至今还没有软木地板使用寿命的信息。

对页图：詹妮弗·吉尔默设计的环保厨房包含竹地板、横纹竹砧板台面和耐用亚光黑色花岗岩台面元素。橱柜选用的是 PureBond 无甲醛硬木薄板，实木板选用的是国产黑胡桃木板，经过定制混合染色精细加工，具有绿色卫士（GREENGUARD）认证标志，可保证室内空气质量达标。

⑤ 墙上瓷砖和背景墙

如果墙上瓷砖区和背景墙覆盖区非常大，那么瓷砖的选择就很重要。这里有几条明智的建议可供参考。

墙上和背景墙部分最好贴瓷砖。与陶瓷制品相比，瓷砖更结实耐用，而且有许多环保瓷砖可供选择。所有大型瓷砖公司都提供各种尺寸、颜色的瓷砖，并且详细列出再生成分的百分比。例如，您可以购买再生成分含量为 30%～70% 的瓷砖，甚至 100% 再生成分的瓷砖，但是颜色选择比较有限。请注意，这些瓷砖的价格仅仅是陶瓷制品价格的 10%～15%。

许多公司在业界口碑好，他们的高光瓷砖产品质量好、选择多，值得推荐，如艺术瓷砖公司 (Artistic Tile)。另外一家美国艾丽斯公司 (Iris US) 生产大块、标志清晰、再生成分高的瓷砖，同时生产具有抗微生物特质的抑菌瓷砖。光顺圆滑的瓷砖、玻璃、台面材料、背景墙要接缝越少越好，这样就会减少水泥填缝，因为受灰尘和烹饪油脂的影响填缝处很容易变色。

许多瓷砖都具有再生成分，所以玻璃本身就是"环保"材料。您可以找到各种形状的玻璃，长的、窄的、八角形的、传统地铁图形的。您也可以找到彩虹色调的七彩玻璃，甚至半透明的玻璃。一些公司喜欢在玻璃上装饰金属斑点，例如，维德普尔玻璃马赛克瓷砖 (Videpur Glass Mosaic tiles) 由 100% 再生玻璃制成，有多个颜色和价位可供选择，而且大多售价在每平方英尺 20 美元以下，大众容易接受。

上图： 抽油烟机拼在简朴粗糙紧密堆叠的天然石墙上，这种设计减少了水泥填缝的需要，同时与线条分明的不锈钢风罩形成鲜明对比。**对页图：** 詹妮弗·吉尔默使用暖橙色调的背漆玻璃做背景墙，不仅易于清理，而且消除了水泥填缝线。

⑥ 家用电器

每个大品牌，例如肯摩尔、通用、惠而浦，在不同价格范围之内提供不同型号款式的能源之星级别 (EnergyStar®) 的电器。特别是 LG、博世、伊莱克斯在消费者报告价格和性能评级中评价很高。您可以在自己能承受的价格范围之内比较电器的耗水量和耗电量来测量能效水平。

⑦ 洗碗机

花钱买一个最好的洗碗机，不仅使用时间长而且功能强大。洗碗机的费用通过能源和水的节省就能够弥补回来，在接下来的 5~10 年里您不需要用新款替换旧款。同时要考虑到洗碗机工作时发出的噪声，如果是开放式厨房，这一点尤为重要，因为厨房没有门隔音。

⑧ 冰箱

每次开关冰箱冷空气都会流失，因此推荐购买冰水分配器在门外的冰箱。许多品牌都有采用单独门设计的冰箱类型，将饮料和常用物品分开储藏，避免过多的冷空气流失。能源之星级别的电器必须比最低标准高出 20% 的节水、节电率，在电费账单上实实在在地省钱。对于使用率高、经常有油腻腻脏兮兮的小手出现的厨房，应尽量选用防手印不锈钢材质或人造防锈罩面漆。

⑨ 炉灶和烤箱

感应炉灶和烤箱更节能高效，加热和烹饪的时间大大缩短。您不会触摸锅盘的外沿而烫到手，因为它有很高的气密性和绝缘水平。如果想要同时进行几项厨房工作，您则需要购买与新炉灶和烤箱相配的新炊具。

⑩ 抽油烟机

抽油烟机可能非常昂贵，大的家电公司，如西门子和美诺推出的抽油烟机线条流畅、光滑平整，通过空气循环风罩和活性炭过滤器将油烟排到室外。光纤技术使通风更畅快，新鲜空气分布更均匀。

⑪ 台面和背景墙

许多房主还是喜欢购买一整块石头或花岗岩台面。他们先和设计师一起去石材商店选购一大块花岗岩或大理石，然后按照设计尺寸切割做好台面和背景墙，不过这样会留下许多废料。

有一个替代方案可以不留废料——将再生玻璃或可持续木材、纸张、陶瓷材料、环保树脂制成漂亮的台面。可供选择的材料很多，都具有简单、明快的线条。但是，您需要谨慎细心，了解维护保养所选台面的正确方法。保养时是需要危险的化学产品，还是稀释的白醋？是否需要密封？如果需要，多久一次？

⑫ 复合型产品

这些人造的复合型产品使用小块石英石或花岗岩，或将它们以某种方式混合在一起制成耐用、无划痕、美观坚硬的台面。因为使用寿命长、性价比高，所以人造复合型产品已成为大多数厨房的不二选择。

可丽龙 (Cambria) 石英石是一个不错的选择。纯天然石英砂制造，具有天然石材的质感和光

泽度; 因为是无孔石英制品, 所以无须周期性密封; 有 100 多种设计图案可供选择。该公司是美国本土的一个家族企业。如果您在当地能够选到满意的材料, 请尽量就地选择, 因为这样可以大大减少运输成本和环境负担。

出产于西班牙的赛丽石 (Silestone) 也是一种复合石英产品, 在不同的价位区间提供不同的选择。赛丽石的表面涂有抗菌剂, 外观和质感与可丽龙石英石比较相似, 但价位要低得多。

出产于美国的冰晶石非常环保。它是由再生玻璃和一种混凝土混合压铸而成, 但是它具有强烈的视觉效果, 可以持续使用; 其缺点在于, 如果溅上油渍则需要马上擦拭, 这给很多房主带来了清理麻烦。而且每隔 6 个月就需要重新涂层, 因为 6 个月左右的冰晶石表面会形成氧化层。

环氧合成树脂 (Richlite) , 又名人造乌木, 由总部位于华盛顿州塔科马的一家公司生产制造。环氧合成树脂板是将压缩木浆压铸成实心板制成的。现有 6~7 个颜色可供选择, 外观和可丽耐人造大理石比较相似, 因为是木质的, 所以看起来更暖。但是用于家用的时候要小心老化问题, 一些客户曾反馈遇见过此类问题。

左上图: 詹妮弗·吉尔默在可持续厨房中使用加厚横纹竹板制作吧台。抽油烟机隐藏在橱柜门里, 悬挂的隔板置物架将左边的餐具储藏柜一分为二。**中上图:** 吉尔默使用了天然石板层叠背景墙, 无须水泥填缝, 易于清理。**右上图:** 在另外一间吉尔默设计的厨房里, 16 英尺 (4.8 米) 的玻璃门包住角落, 并将露天平台和后院联系在一起。家庭活动室一侧的双层半岛台使房主能够欣赏美景。虽然半岛台的位置比较高, 阻碍了从客厅到厨房工作区的视野, 但设计别致可以用作早餐吧台, 既宽敞明亮、又雕塑层次感分明。这个吧台由横纹竹砧板制成, 利用悬臂支撑在台面上, 与对面的吧台遥相呼应。

(13) 涂料

举例来说，本杰明·摩尔涂料公司 (Benjamin Moore)、凯利·摩尔涂料公司 (Kelly Moore)、塞弗寇室内涂料公司 (Safecoat Interior Paints)、优乐彩色涂料公司 (Yolo Color House) 都提供各种颜色、零 VOC 含量或超低 VOC 含量的室内涂料，在各大卖场皆可购买。不含 VOC 涂料指的是涂料里没有挥发性的有机化合物。低 VOC 涂料是每升的涂料里 VOC 含量少于 50 克；不含 VOC 涂料是指每升 VOC 含量不多于 5 克。最好选择 "无毒" 涂料，即不含额外的溶剂和添加剂的涂料。许多高效能涂料里 VOC 含量超低，但是如果颜色要求高，则需谨慎添加染色剂。

德国凯姆矿物涂料公司 (KEIM mineral paint) 采用古法生产涂料，从土壤中提取矿物质制成各种颜色的涂料。硅酸盐涂料与涂层和油基漆的使用寿命一样长，没有剥落、褪色和起泡现象。

(14) 灯具

灯具是环保厨房可持续使用的关键，在未来厨房的设计中更为重要。节能 LED 灯泡不仅能提供暖光，而且光的强度还可以调整。科尔比推荐科锐公司 (Cree) 的产品，不但能使设计活泼新颖，还能提供高效节能无汞 LED 照明。她也推荐飞利浦公司 (Philips) 基础照明专用的 LED 灯泡。

(15) 水龙头

水龙头可以减慢水的使用速度，购买优质水龙头可以避免漏水和浪费。现在市面上有各种尺寸、不同造型的水龙头可供选择。科尔比推荐汉斯格雅 (Hansgrohe)、科勒 (Kohler)、卡丽斯塔 (Kallista) 这几个品牌的抬启式厨房水龙头。德国高仪集团 (Grohe) 生产的明达 (Minta) 抬启式双喷嘴水龙头也不错，还带有一个极简风格的集成式喷头。

(16) 生活用水管道

健康安全的聚丙烯管道和聚乙烯铜管道值得推荐，可以替代 PEX、CPVC 和铜或铅焊料接合管道。

(17) 清理

周到细致地清理旧电器、材料、家具是支持环保和可持续发展的另外一种表现形式。您可以将不需要的物品转卖或捐赠给需要的福利机构，如仁爱之家 (Habitat for Humanity) 或好意慈善组织 (Goodwill)。这些物品在翻新后能够被他人重新使用。一些零售商还提供旧电器回收处理、新电器送货上门的服务。如果您想投放垃圾，请联系市政工程部，按照正规程序投放垃圾。

艾米的额外建议

艾米·加德纳 (Amy Gardner) 是加德纳·莫尔建筑有限公司 (Gardner Mohr Architects LLC) 的AIA LEED-AP级别建筑师，她提供了许多环保建议：

效能

如果厨房是新建家园的一部分，那么厨房元素、基础设施、家里的其他部分应该建立协同增效效应，在热量回收、管道效能及其他方面获得益处。为了降低热量和成本、增加室内通风，引进特定装置预热进入室内的空气，既节省费用又减少碳排放。使用紧凑的中央核心管道以提高管道效率。管道尽量接近以下区域——洗衣房、厨房、浴室，以缩短热水到达不同目的地的时间。热水达到特定温度用时更少，热水器工作效率更大，水浪费得更少，极大地降低水电费账单的压力。最后，根据所处的气候带选择无箱式或按需式热水器。

充分利用日光

在墙体、窗户、玻璃门之间找到"最佳位置"，最大化地利用日光。设计带有遮阳帘和纱窗的可控天窗可以增强室内采光效果。

呼吸新鲜空气

寻找自然通风的机会，最好是交叉通风。通过窗户的纱网、通风窗或天窗将室外空气引入室内，促进空气流通更新。

离家近

设计时考虑将厨房与家庭菜园连接在一起。园子里可以种上自己喜欢的食物——新鲜水果、蔬菜、罗勒、百里香、薄荷等，也可以在水槽后边的窗台上设计一个"室内"家庭菜园来种植常用的香草。在美国园艺协会网站 (National Gardening Association) 上可以找到很多有关室内种植的网络资源和参考建议。

环保再生理念

厨房也可以彰显环保再生理念，在水槽附近的柜子下方安装一个堆肥系统是将环保理念付诸实践的好方法。堆肥是在有机厨房里搜集食物残渣，如水果蔬菜垃圾、咖啡渣、茶包、陈面包、谷物和冰箱里的过期食品，将其变成有用的土壤废料的过程。关于如何进行厨房垃圾堆肥在网上有很多资料可供借鉴，并配有具体的步骤引导。

第五章

居家养老

厨房里的通用设计理念过去被认为是事后聪明。然而，随着年龄逐渐增大，人们开始担心失去自理能力，担心日后行动受限而不得不从家里搬出去。这在设计的时候就要增添人性化元素，比如扩大门口以方便轮椅出入，或采用防滑地板材料等，这些理念也越来越受到人们的欢迎。

根据路易斯·斯特南鲍姆 (Louis Tenenbaum) 的建议，通用设计理念从一开始就要并入您的新厨房设计中。斯特南鲍姆是全国住宅建筑商协会 (National Association of Home Builders, NAHB) 认证的居家养老专家(CAPS)，也是著名的作家、演讲家和咨询师。他说："通用设计，顾名思义，就是一种适合所有身高、年龄、能力的设计，具备多种用途，分隔不同空间。无论您在厨房里坐着工作还是站着擀面、切菜、看汤锅、洗涮锅碗瓢盆都得心应手、方便容易。"

为了使您的厨房工作与整个家庭和谐适应，下列几个设计建议可供参考。

① 柜台高度

要保证坐轮椅的人和孩子用着方便，柜台的高度就要有所变化。当确定适宜每个人的高度标准时要注意谁使用厨房最多，以及使用厨房的方式。例如，带有铁艺格栅的炉灶会增加 2 英寸 (5 厘米) 的烤箱高度；不同功用的台面高度应该有所不同。但是，不要在高台面旁边设计炉灶，因为这会妨碍您烹饪。您需要留出与炉灶高度相同的放锅的空间。另外一个实现多层高度的方式是设置抽拉式隔板和便携式工作案板，如面包板和砧板。

② 橱柜高度

储藏是厨房的主要功能之一。平均身高的人可以将厨柜的存储功能发挥到最大化，地柜的抽屉里放置平时用的碗盘杯盏。根据季节时令储藏物品，逾越节、圣诞节及其他偶尔使用的物品可以放在较高的、不易触及的橱柜里。平时常用的碗碟和器具则放在顺手可取的橱柜里。如果记忆力不好或担心时间长了忘记，则可以安装玻璃橱柜门，这样就能轻松看到柜子里的储藏物品。

③ 橱柜手柄

D 形手柄方便好用，轻轻一拉自然滑动到拉手处。而小的球形柄却对手指灵活度要求高，且抓握力要准。但触摸锁则放宽了对手指抓握和灵活度的需要。

④ 转变空间和门口

如果需要安放轮椅, 需要预留出空间并考虑到以下两个问题。首先, 要有足够的操作空间, 32 英寸 (81 厘米) 净宽的空间轮椅才可以出入。另外, 还要留出 18 英寸 (45 厘米) 到 24 英寸 (61 厘米) 的空间安装一侧门把手, 以满足握住把手和开门的需要。

⑤ 表面

实心台面包括层压板、天然石材和人工石材。石英石是典型的人工石材; 实心台面的好处是易于清理。同样, 耐热材料也值得考虑。

⑥ 地板

选择地板尤为重要的是, 无论穿袜子还是穿鞋, 都一定要减少滑倒或绊倒的机会。软木和橡胶一样柔韧灵活、持续耐用; 石材和瓷砖虽然坚硬, 但当人摔倒或东西摔下时就会造成受伤或破损。木材虽然具有很多优点, 但是频繁清洗会磨损表面的保护层。

⑦ 水槽

为了便于使用, 安装水槽时应选择浅水盆。在柜台下要给膝盖留出空间, 在水槽的后部安装排水系统, 在操作台的前沿附近安装水槽。

上图: 橱柜门要左右滑着开而不是前后打开。滑动门, 如德国海福乐公司美国有限公司 (Häfele America Co) 生产的弗龙蒂诺 (Frontino) 滑动门, 具备流行滑动门通用的设计特点——无须打开工作间的铰链门就能打开橱柜。

⑧ 把手

所有水龙头都应该配备方便操作的拉杆式手柄。如果触及手柄比较困难的话，可以把手柄安放在水槽的一侧，但要注意不要干扰水槽工作区的正常工作。还可以使用脚踏板或电子触摸屏控制。

如果水槽下方膝盖活动空间充足，可以考虑在水管上方安装一个可移动隔板。这个设计既安全又美观，还能有效防止膝盖烫伤。

⑨ 冰箱

请选购带有前置控制的双开门冰箱；一些冰箱门很难打开，所以购买时需要确认冰箱门不要太沉重，同时也要权衡一下冰箱的宽度。

⑩ 洗碗机

考虑安装两个洗碗机抽屉，并排安放或一左一右两侧安放；两侧安放的好处是不必弯腰就能触摸到底部机架。一些人喜欢提升洗碗机的高度，这么做要小心，一旦高度不当会使台面的工作效能大打折扣。

⑪ 微波炉、挂式烤箱和炉灶

微波炉放在抽油烟机下可不是一个好主意。我们可以将微波炉放在橱柜下方的抽屉里，不仅使用方便，而且任何年龄段的人都能触摸到，包括小孩和坐轮椅的成年人。选购微波炉最实用的款式就是所有的控制开关都在前面的那种。烤箱里应该有一个中层烤架，与台面高度相同或相近。如果您有两个烤箱，建议并排放置而不要层叠放在一起，也可以将另外一个烤箱放在别处。无论坐着还是站着都能使用烤箱，不用费力地高高举起大块牛腩放到最上边的烤架上，也不用弯腰给放在底层隔板上的火鸡刷油。许多烤箱都是向下折叠门，您不得不经过高温的热门把食物拿出来。有的烤箱配有玻璃门或旁开门。

上图：使用的是德国海福乐公司美国有限公司 (Häfele America Co) 生产的抽屉，这种设计不仅可以方便看见抽屉里储藏的物品，同时易于触及橱柜底层收藏的物品。**对页左图：**LED灯照明的食品储藏室，动作感应LED灯可以安装在食品储藏室、橱柜和抽屉里。在橱柜里添加照明灯，例如德国海福乐公司美国有限公司生产的LOOX LED照明灯，不仅能够满足照明的需要，而且极具视觉美感。**对页右上图：**魔角II，抽拉式魔角系统，前隔板能够向外滑出，后隔板可以向前移动。在魔角系统的帮助下，设备和存储的物品随手可及，厨房应用更加得心应手。**对页右下图：**勒芒，抽拉式角落系统，一滑一拉，橱柜里的所有物品都会展现出来，便于查看和使用。

几代人的生活和设计

几代人生活在一起，或三代或更多代人在同一个屋檐下或同一块土地上生活，会使几代人的文化观念杂糅在一起。未来的许多家庭都将面临这样的问题，所以厨房设计需要满足各个年龄段、各个时代人群的特殊需求。推动这个趋势的主要有以下几个因素：

• 年迈的家属需要照顾，经济上无法承受搬入带有辅助护理设施的独立生活环境，或者无法选择与爱的人生活在一起。

• 成年子女经济上无法承受搬出去独立生活，或为了省钱，或在搬到自己房子住之前先在家里住上一段时间。

• 单亲父母经济能力有限，没有能力抚养孩子。无论孩子在家抚养还是送幼儿园，都要依靠自己的父母照顾孩子和自己。

• 文化传统要求几代人同住以保留家庭根源——几代人同住对美国人来说也许不可思议，但对许多其他文化背景下的人来说却司空见惯。

• 每个人都希望住在好地段、拥有优秀学校资源的大房子里。与多名家庭成员同住在一个房子里可以整合个人资源，达到利益最大化。

以上原因要求厨房必须量身定制满足每一代人的需要。例如，厨房要具备居家养老的特点。尼尔·凯利设计公司 (Neil Kelly Design) 的马特·怀特和芭芭拉·墨菲设计的厨房堪称典范：台面设计得更深，可方便轮椅出入；吊柜降低高度方便轮椅人士使用；食品的储藏和家电的摆放都非常顺手方便；水龙头采用"触摸式"，关节炎患者使用起来得心应手；在橱柜下方安装 LED 灯为视力衰退的老年人提供充足照明。厨房设计师还要考虑年轻家庭成员的特殊需要，设置独立隐私空间，设立内置基础设施 (U 形型电器插座和带有 USB 端口的电源插座) 和技术使用区。

上图： 在这个几代人同住的房子里，以前的旧厨房与房子的其他部分完全撕裂切断，改建为一个大的开放式厨房餐厅。这个厨房通透明亮、视觉效果好，可以满足每一代人的需要。

⑫ 照明

无论在台面上还是在台面下，无论用作重点照明还是营造气氛，灯具的设计和选择都至关重要。您可以将柜下照明、橱柜照明、一般照明、重点照明、装饰照明统一起来，营造一个光线充足、温暖明亮的空间。与白炽灯和卤素灯相比，LED灯更受欢迎，因为它更节能、使用寿命更长，几年之内不用更换灯泡。调光装置简单，方便每个人操作。

⑬ 电灯和电器开关

安装在大平板上的开关最好用。墙壁开关距离地面不能超过 44 英寸 (1.1 米)，也不能接近门把手的高度。插头和开关应该离背景墙近一些。炉灶开关和电扇开关应该安装在围裙位置，不要太高，要考虑到使用者的身高和肩膀酸痛等问题。

⑭ 颜色和对比

设计一个空间的时候要注意颜色对比，创造视觉上的层次感。颜色对比可以构成警告，提示哪里地板结束，台面的边缘在哪里。例如，浅色的瓷砖柜台，深色的橡木包边，柜台一端是带条纹的固体材料，这三个颜色形成层次，台面在哪里结束在哪里重新开始一目了然。背景墙使用渐变色或贴上不同颜色的墙砖也是为了达到同样的效果。您可能不喜欢米色的地板和橱柜，但您可以选择漂亮的带图案的地板。同时，非反光性地板，如木头地板，是绝妙的选择。为了减少到处都是亮闪闪的表面效果，建议选择低光罩面漆。

我们中大多数人的身材和体型差不多。我们是两足动物，无论高矮，触及同一个置物架和储藏柜的位置都会差不多。

针对行为受限人群的通用设计，正常人也可以使用。医学的进步使一些人转危为安，但是可能会留下后遗症，比如走路左右摇晃、拖着脚走路、行为受限。通用设计就是针对这部分人群研发，帮助他们四处活动，使日常生活更便利。通用设计具有巨大的市场和受众客户群体。随着年龄的增长，我们每个人都发生变化，这种变化会伴随我们一生。任何年龄段出现了意外事故都意味着家庭布局和家具设施要做出相应调整。通用设计是一种万能巧妙的设计理念，既能满足目前的生活需要，又能达到未来生活的标准。多年后，家人和朋友在厨房里烹饪依然不会失望，今天的前卫设计是明天不过时的保证。无论发生什么，美丽贴心的厨房将陪伴您很长一段时间，共担风雨、共沐阳光。

路易斯特·特南鲍姆 (Louis Tenenbaum) 以前曾是木工和承包商，现在是居家养老问题的前卫思想家、演说家和顾问。居家养老理念倡导的是，家是日常居住和照顾老人最理想、最经济的地方。特南鲍姆经验丰富，并用了多年的时间帮助个人家庭、建筑工人、投资者，乃至社区建立安全舒服的居家养老模式。

第六章

未来厨房

摩登家族的厨房很快就要来到您家啦!

"未来的厨房设备将更快捷、更环保、更通用、更智能。通过您的手机和平板电脑在世界的任何地方都能远程遥控。"更好厨房有限公司 (Better Kitchens, Inc.) 的厨房设计师、认证厨房设计师、总裁、CEO艾伦·杰林斯基 (Alan Zielinski) 如是说。

人们对休闲时间的重视程度越来越高,希望日常处理的事务越来越少,倾向使用高科技产品来简化生活。比如在平板电脑或智能手机上按一下按钮就会打开或关闭烤箱、完成食物预热,在高峰时段堵车时也可以通过移动设备调整烹饪计划。杰林斯基 20% 以上的客户都将这些功能纳入设计之中,而且这个趋势将继续增长。

像杰林斯基这样的厨房设计师也知道,在未来将以不同方式使用这些产品:在两个房间之间放置一个壁炉,启动壁炉开关后两个房间都会感到温暖;点击按钮即可关闭厨房灯或整个房子里的灯,方便易行、节能环保;在冬天的早晨可以选择加热厨房地砖,晚上没人用厨房的时候关闭加热;照明灯都是行动感应或光感应设计,走进厨房即开,离开即关,方便视觉障碍人士生活。

这里有一个关于未来智能厨房非常经典的例子:如果您在看早间新闻,主持人正在谈论最棒的火鸡食谱,这时您可以在智能手机或平板电脑上下载这个新闻和食谱信息,备好火鸡后根据设备链接上的信息一步一步完成烹饪。烤箱传感器会根据重量和其他测量标准自动生成适宜的工作温度和烘焙时间。所有一切都有条不紊地进行且无须打开食谱或触及多个控件。此类技术对于烟雾探测器、防盗报警器,甚至厨房后门锁和车库门锁都同样适用。

杰林斯基列出了其他组件,将未来厨房与过去厨房分隔开,不过其中一些组件现在仍然可以使用。

对页图: 在詹妮弗·吉尔默厨卫设计室的设计师劳伦·黎凡特·布兰德设计的这个厨房中,质朴的房梁遮住了低压照明灯,而且低压照明灯还可以根据需要调整方向。右侧木板墙上安装了隔板置物架,隔板顶端是顶冠饰条。顶冠饰条和隔板置物架完美搭配、浑然一体。

① 成功法宝

厨房已经演变为一个家庭的枢纽，不仅发挥多重功能，而且是整个房子最重要的部分。设计师沙宾·舍恩伯格 (Sabine Schoenberg) 在风靡全球的《开放概念厨房》(the Open Concept Kitchen) 中阐述道："将厨房拓展为家庭生活空间的一部分。"对于开始没有开放空间的项目，设计师莱斯利·马克曼·斯特恩 (Leslie Markman-Stern) 建议拆墙。

② 厨房指挥中心：今天的岛台或半岛台

作为厨房总指挥和信息来源中心的岛台或半岛台正变得越来越宽、越来越长。未来厨房的许多

高科技功能将全部由岛台控制。轻摸触屏即可完成一系列任务，比如寻找菜谱或菜单、下载视频教您做最爱的奶酪舒芙蕾。

③ 照明

无论用于照明还是营造气氛，LED 灯都是不二选择。橱柜里安装内置感应灯，开关门的时候自动开关灯。另外，橱柜上下都可以使用 LED 灯。

为了使厨房更智能方便，需要添加带有调光系统的 LED 灯，但这会增加 25% 的成本。从长远看，LED 灯泡很划算，既节能又几乎不需要更换。随着 LED 灯泡成本的不断下降，许多房主不用等太久就能看见投资回报。

④ 台面

根据全国厨卫协会 (National Kitchen & Bath Association, NKBA) 的调研，由于花岗岩用得太普遍，许多房主都选择石英石台面。石英石是人造石，价格比花岗岩高，但易于打理、不需太多维护保养，因此备受房主青睐。最近又流行天然石英岩，既具有天然石头的属性，又具备花岗岩的耐用性，纹路质地也比大理石好看。目前最前卫的台面材料是由再生材料制成的玻璃，绿色环保、时尚前卫，通过安装不同颜色的 LED 灯可任意变换台面颜色，以适应不同氛围的需要。

对页图：定制的不锈钢抽油烟机配有装饰铆钉和强大的和风排风系统。炉灶两侧是窄的拉篮，用来放置油盐调料，方便使用。
上图：贝母石英岩台面将白色深木橱柜、浮雕石灰岩背景墙和暖橡木地板和谐统一在一起。（设计：詹妮弗·吉尔默厨卫设计室的设计师劳伦·黎凡特·布兰德）

(5) 烤箱和炉灶

未来厨房将在不同区域放置两个以上炉灶以满足多个厨师同时烹饪的需要。也可以选择不同类型的炉灶，如具有对流功用的塞曼多尔 (Thermador) 蒸汽灶。在未来，烹饪数据将直接传输到智能手机或平板电脑上。

惠而浦的一款新产品把烤箱变成了冰箱。如果您下班回家晚了，饭做好了，烤箱就会变成临时冰箱。当您一切就绪，它又会变回烤箱重新加热食物。您可以通过智能手机或平板电脑编辑程序完成烤箱到冰箱的转变。有的烤箱配有专门设备来关闭烤箱燃烧器和预热炉。以前用天然气和电炉灶做饭的房主逐渐接受感应炊具，因为其烹饪速度更快、更安全。磁场不会将热量传导到烹饪面板上，避免烫伤。例如，塞曼多尔自由感应烹饪面板可以让您将锅放在面板上的任何地方。当您的两只手都被占用时，您可以通过手指触摸控制面板或下挡板上的传感器来开闭烤箱门。

如果您有一个小一点儿的房子或厨房，可以增添一些额外的多功能设备，如塞曼多尔 48 英寸 (1.2 米) 大型炉灶，具有多种烹饪模式可供选择。

左上图： 在詹妮弗·吉尔默厨卫设计室的设计师劳伦·黎凡特·布兰德的设计中，光滑的电磁炉两边是家电收纳柜，这种设计可避免台面过于杂乱。**中上图：** 塞曼多尔 36 英寸 (90 厘米) 杰作 ® 系列自由 ® 电磁炉比很多其他电磁炉多 63% 的使用面积。**右上图：** 塞曼多尔 36 英寸 (90 厘米) 杰作 ® 系列自由 ® 电磁炉提供最灵活的烹饪方式，4 个不同尺寸、形状的盆、锅、平底锅可随意组合同时使用。**右下图：** 最新款塞曼多尔炉灶配有一个大的烤箱和 4 个小的艺术烤箱，满足健康蒸煮的需要。
对页图： 玻璃门和胡桃木台面使这个配置看起来更像成品家具。橱柜里的编织篮便于收纳杂物。（设计：詹妮弗·吉尔默）

⑥ 通风

液体循环加热技术不仅环保，而且节能。通风热传感器也节能，可减少电费消耗。集成吹风机以适当的水平控制温度和湿度，限制回水温度，控制热水温度。

⑦ 插座

未来的厨房将提供无线"电力"，即电线越来越少。传感器集成的电磁铁和永磁铁在磁场上发挥作用，几乎所有的电器都通过磁传感器自动充电。

拥有大型台式电脑的房主越来越少，办公桌俨然成为房间中的庞然大物。仅仅一个工作站便可以为平板电脑和手机充电，不过需要安装更多的插座，但大多是可弹起收回的内置隐形插座。插座可以安放在橱柜下方隐藏起来，这样不会破坏墙砖、墙漆和墙纸的美感。

⑧ 微波炉

微波炉一般放置在抽屉里避免占据墙上或台面空间，方便孩子和轮椅人士使用。微波炉一般配备视频和音频指示以及"哔哔"提示声来便于操作。健康饮食理念的广泛推广也会促使蒸汽炉代替部分微波炉。

左上图: 塞曼多尔自由® 收藏厨房配有红酒保存、新鲜食品、冷冻食品专柜, 同时配备专业® 系列对流电热匣和内置全自动咖啡机。**右上图:** 塞曼多尔18 英寸 (46 厘米) 内置红酒保存专柜是塞曼多尔自由® 收藏厨房的一部分。**对页图:** 塞曼多尔星彩蓝宝石™洗碗机清洗周期时间短并具有最先进的设计元素, 如恒星速率、剩余时间及电量提醒和蓝光系统。

9 冰箱

通常在厨房的不同位置要放置两个冰箱，既包括独立的冷藏柜和冷冻柜，也包括内置抽屉和饮料柜。这个趋势将越来越受欢迎，因为越来越多的人在厨房里烹饪、工作、交流、社交。水不再放在冰箱门上而是放在冰箱里，然后通过独立入口直接拿到，这就减少了冰箱的开关次数，节能环保。一些冰箱还配有调温系统——可以根据不同食物的冷藏和冷冻需要来调节温度。

未来的冰箱速冻能力会进一步提高，制冷和冷冻能力会上升到一个新的高度，正如 20 世纪 70 年代的微波炉将快速加热技术引进厨房一样。

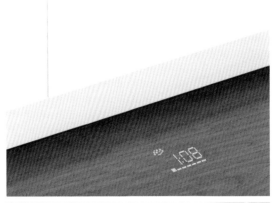

10 存储

产品用光了不再是一个问题，您可以发挥调控作用将存储的物品从一个储藏区移动到另外一个储藏区。每个物品都有一个二维码，通过扫码获得最佳存储位置并能快速定位该物品。

11 洗碗机

新型洗碗机力求节水节能。博世新型洗碗机非常前卫，其引进静音技术和"低头"显示屏，与车载平视显示屏截然不同。这个系统的好处在于：不必打开门水蒸气就会释放出来，水滴落在地板上，一个小图标就会出现在洗碗机下挡板前的 LED 屏上，继而反射在地板上，通知您何时洗碗工作结束。

12 橱柜

触屏技术意味着一触按钮就会打开抽屉和门。您正在烘焙，双手粘满了黏糊糊的面团，如果可以不用双手就打开橱柜门，简直犹如天助，避免一团糟。有的橱柜专门为个人设备和智能手机充电或接驳设置的，这样的橱柜可以放在嵌板后边，通过滑道从旁边打开，也可以通过气压杆垂直打开。

⑬ 百叶窗

厨房可以安装锂电池遥控百叶窗，不仅能调节厨房氛围，还能减少热量和空调的损失。与遥控草坪喷灌系统相似，将日期、经纬度输入程序自动编程，然后按照步骤依次操作即可。

⑭ 颜色

这个完全取决于个人喜好，但一般柔和的颜色比较受欢迎，如灰色、白色、米色、奶白色。柔和的颜色要比鲜亮的颜色更能营造静谧舒心的氛围。在最前沿的厨房设计中已经彰显出此类颜色的选择理念。其他颜色用来增添跳跃感，防止视觉疲劳，如橙色、黄色、绿色或红色。颜色选择使设计重心极易改变，虽然花费不多，却与个人品位息息相关。当前流行色彩的相关数据可以在网上查阅到，每年一些油漆公司和色彩搭配达人都会讨论流行色彩及搭配。

⑮ 背景墙

玻璃背景墙由再生材料制成，虽易碎，但其干净、外形极简而备受大众青睐。玻璃板可以提供额外的背面照明，营造度假场景，几乎所有东西在玻璃板上都能够映衬出来，但是金属背景墙也越来越受欢迎。努豪斯设计公司 (nuHaus) 的老板也是著名的厨房设计师道格·德宾 (Doug Durbin) 就喜欢金属面漆，例如，为了达到满意的光泽度和光亮度而选择镜面磨光不锈钢罩面漆。

⑯ 省钱

未来您的家用电器与互联网联网，方便跟踪电器使用情况、及时发现故障点并安排维修，同时向房主提供即时成本控制。服务技术人员初次到访时通过网络反馈了解哪里出现问题并快速有效地修复设备。

新的高科技厨房正在不断演变，设计师一直在找好的方法整合资源。这些新的选项能否纳入厨房规划取决于客户群年龄段和对新技术的驾驭能力。一些客户习惯使用表盘屏，一些更喜欢触摸屏。设计师会兼顾两类喜好找出最佳处理办法；制造商利用聪明才智调研市场，研发并生产最前卫、满足不同客户需求的产品。

认证厨房设计师艾伦·W. 杰林斯基 (Alan W. Zielinski) 被《室内设计杂志》评为行业最优秀的领导人。他是全国厨卫协会 2012 年度主席，现任董事会成员，工作积极，颇具影响力。杰林斯基担任 NARI 承包商年奖 (the NARI Contractor of the Year Award) 和 NKBA 视觉设计奖 (the NKBA Design Visions Award) 评委。

对页上图： 乔·弗兰萨环保工作室 (Joe Franza of Studio Greener) 和乔·休曼设计室 (Joe Human of Designs) 联手设计，把餐厅和客厅打通，将原来的长条厨房转变为开放式厨房。**对页下图：** 采用独特设计提高室内照明效果，将储存空间和内置储存空间最大化。

注意：

在设计完成、施工进行之后避免改动，除非十分必要不得不改。"如果"是改造厨房时最昂贵的两个字。小的调整，如更换硬件或天花板，花费不多，但增添长条水槽、安装更多的内嵌灯、移动窗户或增加窗户长度都会给安装计划带来很大变化，同时增加最后的预算花销。

经验：

除非您愿意容忍项目延期和成本增加，愿意接受改动带来的新问题，否则不要轻易变动。

第七章

伟大厨房灵感的产生

小厨房预算

挑战: 厨房面积小,可供支配的预算少,请尽力将心仪的设计元素融入自己的厨房中。

小包装的东西都好,这种理念也适用于厨房。少即是多,虽然听起来言不由衷,但小的东西具有一定优势。如果面积小、预算少,您必须将资源优化配置,有所侧重,谨慎全面地做好规划。

厨房空间有限当然是一个挑战,但优秀的厨房设计师和建造师会运用巧妙的设计理念来弥补这个不足。例如,充分利用垂直空间,设计从地面到天花板的一体式橱柜,准备一个家用梯子方便登高储物。给桌子、砧板岛台、椅子、长凳等可移动的家具安装脚轮。将厨房与餐厅、家庭娱乐室,甚至门廊或走廊打通,必要时厨房可以多容纳几个人。

如果预算有限,这种设计也同样适用。高明的专业设计师会最大化地满足您的需要,先是大炉灶、水槽,然后可能是缩小比例的定制橱柜的内饰外观,再定照明灯和地板。

底线:虽然空间有限、考虑范围小,但还是不能忽略空间的个性和功能。

前页图: 在詹妮弗·吉尔默厨卫设计室的设计师劳伦·黎凡特·布兰德的设计中,独立工作区允许多人同时烹饪。一个超大的岛台容纳抽屉微波炉和饮料柜并提供准备空间。在镶板的墙上安装具有顶冠饰条的开放式隔板置物架,使整套家具浑然一体。天花板的横梁还能增添家的温暖。**上图:** SCW 设计公司的设计师沙扎林·卡文·温弗瑞 (Shazalynn Cavin-Winfrey) 说:"物品不用时要收纳好。在小收纳空间储藏物品要杂而不乱,既有视觉层次感,又注意颜色更替。"**对页图:** "橱柜针织门帘是实心橱柜门的完美替代品,个性十足、方便易得、经济实用。"设计师文·温弗瑞说。桦木支架支撑开放式储物架与整个房间的质朴风格搭配完美。

左图: 詹妮弗·吉尔默厨卫设计室的设计师劳伦·黎凡特·布兰德设计这个厨房,充分利用厨房的每寸空间。暖气(最右边)上方的台面可以放置盆栽和菜谱。吊柜距离天花板几英寸,在柜门上增添玻璃元素减少橱柜的厚重感。去除拱腹增加橱柜高度;炉灶右边的狭窄拉篮可以充当抽拉调味架;上边的长条台面空间可以放置炊具。**上图:** 吉尔默将地柜延长到冰箱墙(最右边)的位置,为安装第二个水槽以及存放锅盆炊具提供了空间。深抽屉(冰箱左边)存放干货,上边的橱柜存放小的器皿。为了营造视觉连续性,水槽壁挡板与岛台上方墙壁采用相同的瓷砖。

多用途设计是关键。下面有一些方法，能够做到每种选择都会满足多种需要，这在设计小户型厨房及预算紧缩时尤为重要：

- 餐桌可以用作写字台，或放置笔记本；椅子或凳子在吧台区依然适用。
- 柜台可以用作书桌，下边放置折叠椅。
- 可以选择标准尺寸的电器或小型电器，在同一区域要留出充足的空间做烹饪准备，开展厨房工作。

- 半岛台和小岛台可以放置炉灶、准备水槽、冰酒柜；烹饪和娱乐同步进行，用餐和工作共享一个空间。用餐时柜台可以放开变大，柜台下有凳子方便使用。
- 如果厨房空间有限，不能放传统的岛台，可以考虑轻便推车。推车具备岛台相同的功能，在推车上放砧板或石英石则可以充当额外烹饪准备区。

左图：洛杉矶埃里卡伊斯拉斯 EMI 室内设计有限公司 (Erica Islas of EMI Interior Design Inc.) 设计的厨房中，书桌区采用暖色调的玻璃瓷砖与冷色调的灰色橱柜搭配，冷暖互补，令人耳目一新。**中图：**建筑师斯图尔特·科恩 (Stuart Cohen) 和朱莉·哈克 (Julie Hacker) 设计的 U 形厨房，非常巧妙地利用完整台面准备食物，并与玻璃门墙柜和谐统一，搭配得当。半岛台可以用作一家三口的餐厅和休闲场所。**右图：**芝加哥丽莎·沃尔夫设计有限公司 (Lisa Wolfe Design, Ltd) 的丽莎·沃尔夫 (Lisa Wolfe) 设计的这个厨房，取消餐厅扩大客厅，将烹饪区和就餐区扩大了一倍。岛台提供了必要的存储空间和额外的柜台空间；另外，岛台安装脚轮方便移动，既可以移到炉子旁充当砧板，也可以靠着墙充当餐桌。大图案壁纸与功能区相得益彰，既充满奇思妙想，又彰显华丽灿烂。**对页图：**芝加哥弗雷德曼设计公司的设计师苏珊·弗雷德曼 (Susan Fredman) 和艾梅·耐麦凯 (Aimee Nemeckay) 设计了一个小的都市风情厨房。这个厨房兼具美食空间的所有功能，暖意融融，营造温馨和谐的居家气氛。

上图: 杰克逊设计和重建公司 (Jackson Design and Remodeling) 的罗塞拉·冈萨雷斯 (Rosella Gonzalez) 设计的这个厨房,用温暖的黄色为旧厨房增添别致的情调。复古风格的奶油黄色电器唤起人们对妈妈辈和祖母辈的厨房记忆。黄色的墙壁、黄白搭配的各种图案使空间有限的厨房显得更大些。**右图:** 佛罗里达细节室内设计公司 (In Detail Interiors) 的设计师谢丽尔·基斯·克林德农 (Cheryl Kees Clendenon) 在白色的背景下大胆使用鲜亮的颜色来营造生动活泼的整体设计效果。

厨房空间有限、预算经费紧张有助于激发创造力。如何获取最大价值是近来消费者最关心的问题。您可以通过重新规划有限的厨房面积来削减预算。

- 不要认为厨房的门一定要关得紧紧的——人们喜欢知道发生了什么事。
- 使用反光表面来反射玻璃橱柜的正面，如表面光亮的家用电器；也可以使用镜面或玻璃砖后背板；拓宽窗户也是不错的选择。
- 美白、淡化、漂白所有深色木地板，营造清新舒爽的氛围。
- 坚持一个与预期截然不同的选择，选用更大胆的颜色和图案。
- 出于经济考虑，橱柜的前拉帘可以选用造价不高但令人愉悦的面料。
- 作为一个极简主义者，为家里的物品营造一个干净、整齐的氛围。
- 仅使用一个明亮颜色或配件来整理您的小厨房。
- 如果空间太小无法安放飘浮桌，则可以准备一个长条形软座，在角落的搁板下放几把椅子或凳子，用的时候随时取出，不用的时候放在旁边收好。
- 充分利用所有角落来储藏物品。

- 传统的餐具室门和入户门占据大量空间，可以考虑用滑道门、折叠门和柜门来替换。
- 衣橱与相邻的储物柜选择颜色相配的面漆。顶部开放式隔板可以用来存放食谱和收藏品。
- 如果厨房与餐厅相对，那么使用相同的地板将两个空间联系起来，可保持空间宽敞通透，防止狭促闭塞。
- 从岛台或半岛台垂下一个壁架，省去购买一个昂贵的独立桌。

- 可以把水槽安装在房间的角落里，腾出更多的准备空间。
- 可以找一个好木匠或勤杂工来安装隔板以节省资金也可以到五金件中心选择想要的东西，如餐具分离器、延长抽屉、垃圾桶；甚至可以自己动手安装一部分零件。

上图: 纽约艾斯纳设计公司的建筑师乔·艾斯纳 (Joe Eisner) 设计的这个厨房中，不锈钢黑色钢柜是厨房里的主要服务区；黑钢门后面隐藏了一个葡萄酒冷藏柜。一个黑钢框钢丝网天棚悬在厨房上方，遮挡住部分光源。红漆橱柜与餐厅墙上的艺术品交相辉映，形成强烈的艺术效果。**对页图:** 在小厨房里营造强烈的调色板效果，使红漆橱柜在不锈钢电器的映衬下更加光鲜明亮。地铁瓷砖是半透明的玻璃瓷砖，将不锈钢台面与吊柜分隔开。

- 在暖气上方建一个隔板架，不仅可以用作书架，也可以用来摆放盆栽。
- 如果您的厨房也是洗衣房，可以把洗衣机和烘干机放在折叠门后，门上可以用孩子的艺术品和照片做装饰。
- 由于台面空间有限，应尽可能地把电器收起来，不要放在台面上。

吉尔默说："聘请一位厨房设计师时应考虑到，经验丰富的设计师会充分利用厨房的有限空间，优先考虑您的需求。在不破坏装修风格的前提下重新摆放物品，消除错误，从长远的角度看来节省时间和金钱。"

对页图： 詹妮弗·吉尔默设计的该厨房配有木质台面和独特硬件的深色小巧岛台，与四周白色橱柜形成鲜明对比，而且岛台和橱柜还增加了厨房的存储空间。**上图：** 詹妮弗·吉尔默设计的嵌入式就餐区最大化地利用了空间。定制的软垫长椅为聚会提供方便，定制彩色虎枫橱柜的下柜是家具实木体，上柜配的玻璃门充分利用了浅窄的餐具柜空间。

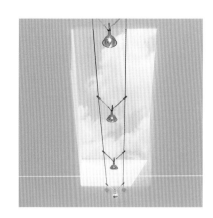

长而窄

挑战： 设计一个又长又窄的厨房，既要做到功能完备，又要避免视觉尴尬。

长长窄窄是保龄球馆的理想形状；一些船主不得不面对这样的小厨房，也称为船上厨房。但是，这种厨房在陆地上不尽完美。设计船上厨房需要更加明智的解决方法：在不需要从房间一头走向另外一头的前提下确定设备的安装位置；给台板和储藏留出充足的空间；因为宽度有限，所以要保证在两侧工作的人不会妨碍到彼此。最好的计划是充分利用长度优势，克服宽度窄的劣势，通过材料、颜色、图案、灯具的巧妙选择和搭配来掩盖缺点这里有聪明的小把戏，可以蒙蔽眼睛。

上图： 在詹妮弗·吉尔默设计的厨房中，悬线系统有效地解决了照明问题。**对页图：** 岛台上安装了第二个水槽，既充当工作台又承担多种功能。这种设计突破了长度界限弥补了短处，使厨房魅力十足。

最大限度利用优势

如果空间允许，多功能岛台应该把长条厨房的两端连接在一起。岛台既增加存储空间，又充当工作台面，还可以摆放器具。在其他空间使用同款橱柜增添协调性和凝聚力。设计师詹妮弗·吉尔默在 19 英尺 (5.8 米) 长、12 英尺 (3.7 米) 宽的厨房里采用此种设计。

为了增加岛台的宽度，窗户设计为盒状凸窗，向房子正面延伸；主水槽安装在内墙上；灶台安装在盒状开间里，与房子的正面相对。岛台一端是小的冰酒柜，上方是一个长条水槽，周围有许多其他储藏空间。因为房间的深度够，所以在厨房的一端摆放了一张四人桌，这张桌子是以前厨房留下的。天花板的最高点有 17 英尺 (5 米左右)，因为不规则向前倾斜，所以给人感觉特别高。在天花板的衬托下，房间显得更长、更窄。吉尔默将天花板高度降低到 12 英尺 (3.7 米)，重新调整高度来保证天花板的比例适当。为了与对面橱柜高度相配，窗户一侧的橱柜直接与倾斜的天花板对接。通过电缆水平方向的照明，房间看起来并不突兀。其他有用的设计还包括大的窗户、白墙、贝母柔绿或灰花岗岩台面。

对页图： 在狭窄空间为中央岛台争取空间，房子前部凸出形成一个长方形开间，用来安装灶台。**上图：** 主水槽的两侧是高大深长的餐具储藏柜，柜子中央有双褶门，可保证开关门顺利通畅。岛台也可以充当补充工作区。**下图：** 灶台放置在新的凸窗里，两侧是整齐的抽屉和橱柜，开间上方是夹层玻璃隔墙柜。（设计：詹妮弗·吉尔默）

上图：奥伦·皮科尔 (Orren Pickell) 用一个岛台打破窄长的厨房布局。岛台由多节橡木制成，这是一种与众不同的材料。**对页图：** 设计师戴安娜·毕肖普 (Diane Bishop) 利用天窗和多个窗户的设计打破布局界限。

芝加哥建筑师奥伦·皮科尔 (Orren Pickel) 设计一个 10 英尺 6 英寸 (3.2 米) 长、3 英尺 (1 米) 高的岛台 (对页图)，并配有准备水槽充当额外工作区。岛台将厨房的两种风格联系在一起，传统郊区砖混石灰岩元素与法式朴素细节和谐搭配、别致漂亮。

皮科尔与托马斯·萨尔帝·吉罗室内设计公司 (Thomas Sarti Girot Interiors) 合作，将岛台功用发挥到极致。岛台空间大，一侧可以放置食谱；台面由佛得角蝴蝶天然石制成，边缘打磨光滑；地柜采用品牌橱柜，配多节橡木定制染色栅板门。

厨房长度够用，但宽度仅为 17 英尺 (5 米)，这个费城郊区厨房 (本页图) 墙上空间不足，大门直接通向露台。设计师戴安娜·毕肖普通过安装围裙风格的水槽、洗碗机、微波炉和岛台储物间增加了工作空间，并在炉灶对面放置了椅子。为了使空间更宽阔，毕肖普在岛台正上方设计了一扇天窗，天窗形状与岛台形状一致。

色彩玩味

当房间尺寸有限，合理利用颜色可以拓展空间，或至少显得不是那么狭促窄小。颜色也可以用来划分一个长的区域，分隔不同功能区。

吉尔默用这个方法设计高层建筑22英尺(6.7米)长、8英尺(2.4米)宽的厨房（见左上图）。地柜使用高光泽度现代白色夹层板，沿着墙一字排开；墙柜使用复合裂纹橡木颗粒板，在灶台和水槽上方水平延伸，墙柜一端是储物柜。过度的橱柜细节会使房间在视觉上凌乱不堪，所以选用暗拉手平板门；安装墙上设备时选用最小的五金件。

芝加哥苏珊·弗雷德曼设计有限公司 (Susan Fredman Design Group Ltd.) 的设计师特里·柯泰登 (Terri Crtittenden) 和艾梅·耐麦凯 (Aimee Nemeckay) 巧妙地使用颜色抵消窄长房间的布局劣势——一侧是黑色的地柜和灰色的墙柜，另外一侧则完全相反，这种设计颜色对比冲突，可弥补空间布局的不足。

两侧台面都使用的是俄里翁石英岩，背景墙统一使用线性玻璃马赛克，地板采用抛光橡木地板，采光和透气性都很好。"为了弥补布局劣势，我们分离了厨房的一些功能，包括炉灶和冰箱。"耐麦凯说。这个厨房曾赢得塞曼多尔最佳厨房奖。

对页图：白色地柜与复合裂纹橡木颗粒板墙柜形成巨大颜色反差，对比鲜明。吉尔默使用小型墙柜和隔板置物架使空间更为宽敞。**左上图：**高光白色地柜沿着水槽墙一字排开，在黑色下挡板的衬托下仿佛飘浮在深色木地板之上。吉尔默在地柜和墙柜上使用相同的凹式不锈钢拉手，使整个厨房整齐统一。**右上图：**苏珊·弗雷德曼设计有限公司的设计师发现在窄长的布局设计中使用不同颜色能够增添层次感和魅力。

打破空间

有时改造狭长空间、弥补布局劣势的最好方法就是根据空间的长度将其分割成不同部分。台面深度增加一点点就会增添宝贵的柜台空间，营造一种独立区域的感觉。在设计30英尺(9米)长、8英尺6英寸(2.6米)宽的厨房时，吉尔默采用了这个理念。桌柜的角度有所调整，高度降低，靠近炉灶和早餐台的台面向外延伸一点儿，把炉灶和早餐台分离开。在房子的尽头，深色樱桃木橱柜不仅是高大的储藏柜，而且与厨房地柜搭配得当，使房间更平整通透。在地柜和玻璃面墙之间的镜面背景墙还能够营造出广阔宽大的感觉。在房子尽头的法式玻璃门通向日光浴室；门的上方是进行光反射作用的拱形镜像，能给人造成一种空间变大的错觉。

一个更大的延伸可以提供巨大的灵活性，特鲁里设计公司 (Drury Design) 一直推崇这个设计理念。使用半岛台打破厨房餐厅的长度限制，可弥补布局劣势。(对页左图)

上图: 为了在狭窄空间创建独立区域，吉尔默调整橱柜颜色、台面深度来明确烹饪区、清洗区、就餐吧台的界限。**对页左上图:** 即使很小的半岛台也能使空间显得很宽阔，正如特鲁里设计公司设计的这个厨房一样。**对页右上图:** 因为厨房一端被打通，增添了一扇窗，设计师萨拉·伯纳德 (Sarah Barnard) 设计的传统厨房看起来更宽阔。

开拓空间

在传统的室内布局中，窄长厨房受限因素多、设计选择范围小。洛杉矶设计师萨拉·伯纳德通过增加一扇门或窗来打通厨房和邻近的房间，既避免了狭促局限，又防止房间偏暗（右上图）。房子俯瞰整个海滩，采光好；浅色枫木橱柜、磨光面花岗岩台面、苍白枫木地板贯穿整个公寓，使其更加通透明亮、暖意融融。

台面上方安装开放式隔板置物架存放碗杯碟盏和收藏品。而且开放式隔板置物架和嵌壁式照明灯还使窄长的厨房尽量光亮通透，摆脱盒子的局促感，不会令人产生幽闭恐惧感。在这种布局的房间里，所有橱柜和工作区都被安排在墙体一侧，您可以选择直通天花板的一体式橱柜，用抽拉隔板进行装饰；另一侧可以放长条形软座、窄桌和可移动工作台。

保持简化

在窄长的厨房里应避免使用粗大图案和明亮颜色，否则会放大布局的缺点。自然色简单而又不单调，如白色橱柜与玻璃门相配，视觉有变化还不失兴趣点。"选择风格简单的门，线条越少越好，最好是平板门，添加简单细节无造型的方边门也可以。"波士顿市郊神圣厨房设计室的所有人玛丽特·巴尔苏姆 (Mariette Barsoum) 说。最小化窗口处理是为了吸引更多的自然光。如果您需要隐私空间，则可以考虑添加窄的百叶窗或半透明的纱窗，既可以透过自然光，又保护隐私。

保持厨房简化的其他想法：

台面上不要放置过多的配件和小家电；洗衣室、餐具室、储藏间与墙柜融为一体，占据厨房一端；拆除墙柜，在房间的一端放置一个高的储物柜；橱柜要选择相同颜色而不要组合颜色；岛台台面漆的颜色可以不同；安装嵌入式筒灯和1~2个现代吊灯可以提高照明水平。

考虑功用

选用内置烤箱和微波炉能够节省狭窄厨房的空间。考虑到小户型、小公寓，单身房主以及夫妻二人的需要，许多家用电器制造商推出了缩小版家电。为了节省台面空间，还可以考虑安装水槽砧板一体台面。

用餐也可以颇具创造性。如果空间有限，不能安装岛台或放置传统餐桌，则可以考虑使用墙的一部分作为长条形软座，再添加一个直径是 42 英寸 (1 米) 的小桌子, 正如洛杉矶 ASD 室内设计公司的设计师雪莉·多尔金 (Shirry Dolgin) 设计的厨房那样 (本页图)。她将桌子推向墙，靠近条凳，不但就餐空间解决了，而且不挡路，方便通行。她还使用了一个户外针织品做室内装饰，不仅搭配合理，而且防尘防水。

在安排设备、橱柜、台面位置的时候，一定要考虑周到，尽可能满足使用者的全部需求，如此您也会得到一个称心如意的多功能厨房。

对页图: 玛丽特·巴尔苏姆设计的这个厨房犹如底色是白色的调色盘，用几抹其他颜色来突出功用。巴尔苏姆使用隔板把抽屉和橱柜分隔出小的储物空间，干净整齐、牢固稳定、方便寻找。**上图:** 在雪莉·多尔金设计的厨房中，由于她谨慎地在墙上使用图案。一张小桌子周围配上亮丽活泼的红色凳子充分证明了空间窄小并不意味着无聊。

主力

挑战: 让厨房工作更顺利,为努力工作打造空间。

厨房就是我们的工作间,使用频繁、任务繁杂。对于这种功能性的认识如此根深蒂固,所以我们经常将其视为理所当然。

首先,考虑三角工作。传统设计强调将主要设备放置在三个角落,但是不要超过 27 英尺 (8.2 米) 远,以方便厨师高效工作。但是随着厨房的增大,电器越来越多,一个三角形很难满足需要,所以厨房需要建立多个三角形。厨房的空间越来越大,多个厨师同时工作,需要形成不同的工作中心,如准备、烹饪、清扫、烘焙、调酒、准备开胃菜。一个设计良好的厨房会为每个工作区提供完备的设备:足够的台面空间、储藏柜、充电插座、合适的照明设备。

另外,无论空间充足还是有限,都应该准备一个岛台或半岛台,这会使厨房工作更容易开展。岛台具有万能功用:存放设备、烹饪或备菜、吃饭、做作业、付账单,甚至在朋友或家人小聚时可以充当小餐桌。

上图: 一个超大的岛台为备餐提供了充足的空间,也是宾客逗留的完美地方。**对页图:** 如果灶台已经安装完毕,岛台空间有限,不能容纳两个人同时工作时,还可以考虑在岛台下放置一个带脚轮的工作台。如果桌子是 31 英寸 (78 厘米) 高,那么这个工作台还可以用作餐桌。(设计: 詹妮弗·吉尔默)

在本小节中,我们一起来探索一系列问题的解决方案,用案例展示厨房设计如何运用空间来满足各种烹饪需要,用最少的预算设计最称心的厨房,将厨房的实用性与美观性完美地统一在一起。

由于房屋的外墙存在结构问题,所以房主想构建一个多功能当代厨房就必须重建外墙。这次,设计公司选择新的空间来映衬整个房子的法式诺曼底风格。拆除厨房与家庭室之间的分隔墙,厨房的面积更大了。设计师詹妮弗·吉尔默不想继续沿用旧厨房的角台和现代风格,而是受法国乡村风格的影响,使用了两个独立的岛台(上图)。

上图: 小岛台 77 英寸(约 2 米)长、48 英寸(约 1.2 米)宽;上边是大理石台面,与实木地柜完美相称;不仅储物空间充足,还能提供额外的工作台面。它距离主水槽、灶台和壁炉很近。第二个岛台更大些,120 英寸(约 3 米)长、42 英寸(约 1 米)宽,与小岛台垂直放置,保证使用者在厨房进出方便。大岛台与现有的壁炉比较近,上边也安装一个水槽,为厨房休闲饮食闲聊提供好的场地。水槽周围是皂石台面,台面周围是胡桃木砧板,下面是白色地柜,颜色对比鲜明、相得益彰。

上图： 长 23 英尺（7 米）、宽 20 英尺（6.1 米）的厨房中央岛台承担多种功能：靠近双炉台一端用作休闲饮食场所；靠近水槽的另外一端用作准备区和清理区，离炉灶和冰箱很近。为了使风格和谐统一，故选择同款抛光皂石台面并用矿物油来加深颜色，而且下边也同样选择了统一的灰漆橱柜。皂石是无孔的，所以不需要密封。巴恩斯·万斯建筑师事务所（Barnes Vanze Architects）建造。

既是建筑师搭档，也是夫妻的斯图尔特·科恩 (Stuart Cohen) 和朱莉·哈克 (Julie Hacker) 喜欢运用岛台 (对页图)。他们发现岛台既可以使房主轻松工作，也可以用来改善厨房的功能和外观，例如：

- 为食物准备提供操作台；从两侧都可以到达工作台，不需要在厨房主要操作区安装第二个工作台；
- 为非正式用餐提供座位，也为朋友到访提供方便；
- 为食物和饮料提供服务柜台；
- 为第二个准备水槽、洗碗机、柜下饮料冰箱和微波炉抽屉提供空间；
- 将开放厨房的就餐区和会客区分开。

有很多岛台和半岛台可供选择，客户需要根据预算、经常从事的工作类型、能承受的清理及保养费用做出选择。因为一些材料是不可毁灭的、终生不用替换的；一些则非常细腻脆弱。

新泽西州恩格尔伍德的摩迪安尼厨房设计公司的设计师伯纳德·金 (Bernard Kim) 设计了这个小的传统厨房 (上图)，台面采用多种材料复合而成。半岛台的台面是伊罗科木，比传统砧板更密实，气孔也比较少。客户喜欢这种材料是因为把胳膊搭在台面上很温暖、很舒服。台面四周是凯撒石，这种石材因免维护属性而受到欢迎。

对页图： 厨房里的岛台餐桌由建筑师斯图尔特·科恩和朱莉·哈克以及设计师斯蒂芬妮·沃尔纳 (Stephanie Wohlner) 设计，为工作和用餐提供空间。**上图：** 新泽西州恩格尔伍德的摩迪安尼厨房设计公司的设计师伯纳德·金喜欢在他设计的厨房里使用两个台面，将工作区与休闲用餐区分隔开。

如果装备得当，岛台则可以成为得心应手的厨房主力。如果岛台配有装饰性的脚轮、实用的橱柜，并且两端镶板，同时配备硬件考究、边缘细节和厚度都适当的台面，则十分完美。为了配合岛台风格，可在岛台上方安装几个嵌入式筒灯、一个水晶吊灯和流行的一组三枚吊坠灯。

詹妮弗·吉尔默使用全高门使落地柜看起来干净整洁，同时方便存储。一个葡萄酒冰箱放在柜台下，客人可以在不打扰厨师的情况下自己取酒。

先前的补充调整给厨房增添了足够的空间，但是一面砖墙阻碍了工作三角形。拆掉砖墙后空间再次协调统一；胡桃木色的门、地柜、隔板置物架、远墙上的狭窄储物柜和谐搭配、相得益彰。整个空间需要要一个大的支柱支撑，高大狭窄的开放式置物架起的就是这个作用。

上图和下图： 在吉尔默设计的这个厨房中，白色壁柜门与酸蚀刻玻璃上翻门交替使用令人感觉舒服轻松。

116

厨房岛台

布鲁克斯拜里联合有限公司 (BrooksBerry & Associates Ltd.) 的厨房设计师，也是美国室内设计师协会成员的克里斯·拜里 (Chris Berry) 发现许多客户都想要一个岛台，但是没有特定的准则适合所有客户的要求，正如她提供的两个例子。她也遵循以下行业箴言：

尺寸

通常您的房间应该至少 12 英尺 (3.7 米) 宽、12 英尺 (3.7 米) 长。岛台周围至少需要 42 英寸 (107 厘米) 的空隙；放凳子的一边要有 54 英寸 (137 厘米) 的距离，两个岛台之间要有 48 英寸 (122 厘米) 的距离，方便开关门和放置额外的电器。如果岛台小于 30 英寸 (76 厘米) 宽，而且台面上还安装了水槽和灶台，那么岛台的面积太小，将不便开展工作且功能会严重受限。

比例

小的房间需要小的岛台和最小的细节。最好的方法是只从一个层次入手，选择一种材料，尽量避免多余的细节。

材料

没有接缝的台面材料无论是在视觉上还是功能上都能更胜一筹；中性石板或人造材料 (石英石) 一般不超过 54 英寸 (137 厘米) 宽、126 英寸 (3.2 米) 长。

座位

吧台凳一般是 24 英寸 (61 厘米) 高，与标准的 36 英寸 (91 厘米) 高的吧台正相配，无论是年轻人还是老人，坐上去都会很舒服。吧台凳需要孩子爬上去才能坐稳，一旦坐上去就能和厨师平视交流。餐桌高度的椅子一般是 18 英寸 (46 厘米) 高，适合两个更高的岛台。

风格和细节设计

通过颜色、材料和风格的选择，岛台可以成为房间的焦点。房子的建筑细节通常可以提供风格灵感，也可以将厨房与现有空间紧密结合在一起。

风格塑造者

挑战: 您的厨房设计既要彰显自己独特的设计风格,又要反映整个房子的美学理念;可以与其他设计风格相似,也可以完全相悖。

厨房就像冰激凌一样,可以选择不同的口味:从暗示另外一个时代的经典传统式到更独特的彼德麦式、工艺美术式、乡村式、前卫现代式。您如何选择自己的厨房风格?是否应该从您家的外部设计找到灵感?与其他房间的风格相似,还是截然不同?要更好地满足烹饪需求还是仅满足一些装饰幻想?

下列是最常见的引起您兴趣的方式,通过混合不同元素,您将获得一个全新的厨房。

上图: 詹妮弗·吉尔默厨卫设计室的设计师劳伦·黎凡特·布兰德将热轧钢橱柜面板与石英石台面、光滑的电器、自然边木台面巧妙地混合在一起,构成过渡厨房中的完美组合。**对页图:** 巴恩斯·万斯建筑师事务所将传统的木制品、方格天花板与当代的不锈钢电器和食品储藏柜统一在一起,建造过渡时期风格的厨房。厨房由詹妮弗·吉尔默设计,2.5英寸(6.4厘米)厚的大理石台面下是染色木地柜,四周的大理石和背景墙相对薄一些。

过渡时期

这个风格的厨房很难描绘，它是介于传统厨房和当代厨房中间的一种式样。

用这种风格设计厨房，就好像在表达一种我自己喜欢就行的态度。它需要一点点创新和冒险，而不是照搬一个万能菜谱；它需要资深设计师的鼎力相助，将完全不同的材料、细节、颜色混合在一起。这个风格最大的好处是在任何装修风格的家里都适用，而且很少会过时。

列举两个例子。首先，巴恩斯·万斯建筑师事务所与詹妮弗·吉尔默厨卫设计室合作设计建造的厨房就是完全变革中的典型例子。传统材料与历史悠久的建筑材料搭配和谐，如大理石、深木与天花板横梁、双悬窗、底饰条、顶冠饰条、玻璃橱柜巧妙组合，相得益彰。选择具有强烈现代气息的不锈钢设备如现代造型的抽油烟机、前卫的现代吊灯和五金件。过渡时期的厨房在使用材料和装修细节方面更考究，所以看起来更现代、更永恒。这间白色厨房更倾向于传统风格，但融合了现代元素，如不锈钢冰箱、冰柜、食品储藏柜、鹅颈式水龙头和方形橱柜把手。

对页图： 在这个过渡风格的厨房里，不锈钢烤箱与岛台高度相同，烤箱上边是玻璃门浅墙柜组合。灯笼式现代吊灯为老式风格增添一抹新意。**上图：** 詹妮弗·吉尔默设计的这个家电储藏库配有双折门，门打开后可折叠放置在一边；小烤箱安放在展示架上，能减少台面的杂乱感。

这个海滨厨房也是詹妮弗·吉尔默设计的，表现出一种远东审美气息和现代风格的混搭。屏风、磨砂玻璃前柜、贵重的胡桃木橱柜、4英寸（10厘米）厚、72英寸（1.83米）长的胡桃木砧板餐桌突出典型的亚洲元素。时间紧、节奏快的现代风格通过餐厅对面的展示架表现了出来。玻璃马赛克瓷砖拼成最流行的地铁砖图案平铺在背景墙上，与开放式家庭室相对，视野开阔，直通室外。椅子和现代吊灯上面覆有布罩，这种设计更具有传统特色，同时将现代风格中和软化，颇具一番别致情调。

上图: 最上边安装的是磨砂玻璃门，在玻璃门的映衬下，深色胡桃木橱柜焕然一新。细竖框屏风巧妙地隐藏了储藏的物品。**右图:** 一个活动的胡桃木餐桌收在岛台台面下，旁边放置两个休闲椅子；如果有需要，餐桌还可以挪到用餐区，可同时容纳6个人用餐。地板到天花板的滑动玻璃门（左边）将高大的储藏室隐藏了起来。（设计: 詹妮弗·吉尔默）

传统

传统厨房也会以各种伪装的形式出现,形成持久的影响力。而且许多厨房均采用中性色调方案,选用约定俗成、由来已久的建筑材料,如木头、大理石、不锈钢。传统厨房一般采用细节装饰地板,天花板做出特定造型,橱柜门镶边。如何判断厨房的设计风格是纯粹自然、避免过多细节的经典款式?还是一种更明确的风格,如法式、英国乡村式、意大利式或亚式?

1815—1848 年,欧洲盛行彼德麦风格的厨房,简而言之,这种风格的厨房就是法国拿破仑帝国时期流行风尚的简化诠释,虽然今天看起来这仅仅是精细的橱柜工艺,即浅色原木橱柜搭配深强调色勾边,尽量少用装饰品、几何图形和曲线。

吉尔默把两个独立的岛台设计成同一个风格(对页图),分别作为准备清洗台和早餐台。厨房的空间比较大,需要为两侧及两个岛台间的通行提供足够的空间。为了突出时代感,她用黑色高光漆勾画美国梧桐胶合板的橱柜细节,并在橱柜和台面上增添了一些微妙曲线,在台面地柜上增添了几根经典彼德麦风格的圆柱。

对页图: 用黑色高光勾边装饰拼接美国梧桐胶合板橱柜是典型的彼德麦风格的厨房。厨房空间足够容纳两个大的岛台,同时保证厨房通行顺畅。为了使整个设计不僵硬,在地柜、台面、镶边上增添曲线线条,柔和融洽而又不过度装饰。**左上图:** 黑色铁锅架限定了水槽岛台的位置。**中上图:** 为了坐着更舒服,早餐台配有一个升高的平台,同时配有装饰桌腿和深色"脚蹄",这个设计使厨房岛台增添家具特质。**右上图:** 高窗两侧的墙柜形成天然相框,将室外美景定格。为了增加视觉连续性,吉尔默还在墙柜上增添了装饰曲线。

另外一类特立独行的传统厨房深受工艺美术时期影响。该时期由艺术家威廉·莫里斯(William Morris)倡导，最初产生于19世纪晚期的欧洲。后来这一潮流在美国兴盛起来，由艺术家斯塔夫·斯蒂克利(Gustav Stickley)把它变成所谓的工匠风格，这与现在一些房主倡导的理念不谋而合，即推崇色调柔和、颜色自然的天然木材；对手工制品情有独钟，如铁艺把手和陶质瓷砖。在这个厨房里，设计师吉尔默匠心独运，将抽油烟机用金属风罩突出高光效果；台面选用深色的花岗岩和胡桃木；灶台背后浅绿色墙壁上平铺树叶图案的瓷砖。整个设计颜色对比鲜明，形成视觉层次感。在设计特定时期风格的厨房时，一定要注意细节，注重美感和整体协调性。例如，如果选用手工锤打的铜质五金件，与之相配的一定是无论在色泽还是质地上都具有沧桑感的19世纪玻璃。

上图: 暖色机制木质家具和橱柜、开放式储物架、半岛台的栅板背景墙都是典型的工匠风格元素。拱形窗框与机制木工家具、老式铜把手搭配完美、相得益彰。**对页图:** 吉尔默用一个不锈钢整体水槽和工业炉灶增加时代感，与炉灶后边的手工瓷砖壁画对比鲜明。台面上方、灶台两侧有两个现代风格的拉篮可以放置调味料，使用户使用起来得心应手、轻巧便捷。

传统厨房也可以离开固定的限制，通过其他方式来解释：这个厨房装有复折式抽油烟机；带有嵌壁式中心板的超厚门，这种门具有老式橱柜的效果；配有油擦青铜抽屉拉手和直径是5英寸（13厘米）的旋转柱以及菱形图案的背景墙。一个厨房选用的是带有雕刻细节的深色胡桃木橱柜，与房子现有餐厅的壁柜和维多利亚风格的抽屉拉手和旋转门把手相配。另外一个厨房采用白色为主色调，黑色是强调色，这是法美风格的混搭，经久不衰的色彩组合。细节包括厚板背景墙、仿茉莉亚·蔡尔德锅架、油皂石台面、法式帆布印刷针织遮阳帘。所有这些细节都是由房主的室内设计师海伦·沙利文（Helen Sullivan）选取的。在这个1900年左右的厨房里有一个巨大的壁炉，这个壁炉在过去承担着烹饪的任务。这个有故事的壁炉为吉尔默的设计方向定下基调。她保留了壁炉并用作新的烹饪区；旧烟囱用来安放抽油烟机的排气装置。房主在地下室发现原来壁炉的夏天的盖子。吉尔默决定将这个夏天的盖子用做抽油烟机的背景墙，与壁炉永远连接在一起。小窗户是后来设计打造的，透过窗能看到后面的楼梯。吉尔默想要在最大程度上保持原有房屋的风貌。她设计了一个有电线插孔的餐具储藏室，与房子的年龄毫无违和感。

对页图：深色染色木地柜构成岛台，岛台配有沉重的车制家具腿。为了增加传统稳重的感觉，四周的白色橱柜在延伸至现代工业风格抽油烟机位置的人造漆墙的衬托下备感温暖。烟机风罩用皇冠造型和拱形镶边来装饰，弱化了现代工业风格的强硬效果。菱形图案背景墙又是传统美学的力证。上图：吉尔默没用墙柜争取多给窗户留出空间，反而用带有栅板背景墙的开放置物架和超宽黑铁锅架提供了必要的储物空间。为了避免与原有的窗饰冲突，皂石台面和水槽后面仅配有很小的一块背景墙。

纯朴风还是乡村风

一些传统厨房更倾向于纯朴的乡村风，直观上把家的温暖、人的淳朴善良和食物的滋胃润脾联系在一起。传统厨房通常选用染色的深色木材制作橱柜、地板、台面，有时也用来做天花板的横梁，还配有石雕以及舒服的装有软垫的座椅。为了更好地在厨房开展工作，照明条件一定要好，不能太暗，也不能给人压迫感，可以增添一些丰富多彩的小巧照明装置和厨房配件。

对页图：为了使内华达塔霍湖附近的家看起来有山的感觉，装饰家室内装饰公司 (Decorating Den Interiors) 的设计师琳达·麦考尔 (Linda McCall) 选择石英岩做地板，自然面花岗岩做墙，皮革面花岗岩做岛台，磨光面花岗岩做周边的台面。花岗岩的冷峻被暖木建造的橱柜和横梁化解掉。**左图：**新鲜的绿黄、蓝色、黄色使乡村开放式厨房和家庭室生机勃勃，这个新港罗德岛厨房是由费曼股份有限公司设计的。白色的地铁瓷砖、烤漆橱柜、天花板在浅木色地板的映衬下焕然一新。**上图：**在卡佳·凡·德·卢 (Katja van der Loo) 设计的这个厨房中，用新的中性色——浅灰色去补充一个翻修的谷仓横梁和胡桃木砧板。背景墙上的小块珍珠釉瓷砖在乡土风格的厨房里别有一番情趣。

当代及现代

为了给厨房一个清新的开始, 应考虑选用线条分明的现代橱柜和家具、金属和不锈钢罩面漆、冷色调或纯白最前卫的家电和灯具。

吉尔默开辟出一条自己的厨房设计之路——复合孟加锡黑檀橱柜, 配有长而光滑的不锈钢拉手的黑色烤漆冰箱, 以及纯亚光黑色花岗岩台面。从橱柜周围的木饰到现代风格的立柱和横梁都是由再生橡木制造的, 可满足天花板设计的需要。

对页图: 开放式储物架、线条简洁的嵌板、伊兹尼克瓷砖、大量使用玻璃是这个设计的突出特点。该厨房由费尔德曼建筑师事务所 (Feldman Architecture) 和丽莎·路吉室内设计公司 (Lisa Lougee Interiors) 设计建造。光线充足, 将优雅的现代感融入旧金山维多利亚时代的老房子里, **上图:** 公寓设置在一个高尔夫球场里, 佛罗里达州博尼塔温泉装饰家室内装饰公司的设计师朱迪·安德伍德 (Judy Underwood) 在设计中采用多彩玻璃瓷砖背景墙、碎玻璃环氧树脂台面、黑漆木橱柜, 将时尚大胆的前卫元素注入托斯卡纳厨房中。

这是一座 1928 年建成的传统西尔斯 & 罗巴克平房，现急需维修。"当我们决定翻修时，一定要保持传统平房的外貌，虽然建一个现代的房子更容易。在美国建筑师协会会员艾米·加德纳的帮助下，我们能够使房子的前部看起来像日本茶馆，但仍然保持平房的风貌，只是在房子的后部添加了现代设施。"吉尔默说，"我们可以设计一个当代厨房，木头的颜色要深一些，使之与传统平房的内部相配。在室内安装多扇玻璃门，以保证光线充足。当夜晚来临时，烟机风罩灯被打开后，浅绿色的背漆玻璃背景墙就会发光。而旧厨房用隔板门分出来一间餐具室，这就解决了传统客厅、用餐区同当代厨房、家庭室之间的过渡问题。"

左上图: 詹妮弗·吉尔默在美国建筑师协会会员建筑师艾米·加德纳的帮助下把自己的家翻修一新，并将原来的厨房变成多功能餐具室，配有水槽、咖啡机、台下式制冰机、饮料冰箱和洗碗机。**右上图:** 在吉尔默自己的房子里，透过落地玻璃门将自然光送入房间和厨房。**对页图:** 吉尔默使用胶合板木门来设计自己的当代厨房。头上的横梁散发着木材特有的温暖。超大的烟机风罩将前卫理念展现得淋漓尽致。

白色赢家

挑战： 设计一个全白、背景清爽的厨房，既要纯洁干净又不失活力，这需要技巧和智慧。

就像黑色礼服很百搭一样，白色厨房能够满足各种需要。它是中性的、多才多艺的、能够完美衬托出闪闪发光的家用电器。它也会造成错觉，仿佛住的房子更大、更纯净，这对于小厨房尤为适用。但是过多的白色会使厨房有种医院病房的感觉。白色厨房在20世纪70年代高科技出现的时代最为流行，后来流行热度迅速消退，因为白色暗示寒冷无情，热闹的聚会中心如果装修成白色则会让人感受不到丝毫的温暖热情。

好消息是白色厨房可以和其他颜色的厨房一样生动有趣，但是为了使它具有家的温暖，同时避免视觉单调，白色需要分为不同层次。涂料生产商提供一系列的白色调，例如简单白、云量、灰雾、花白、白鸽、芭蕾白、棉花球。许多橱柜制造商可以按照您的具体需要为橱柜配上任何一种颜色并收取一定费用。台面板和背景墙可以考虑使用永远不会过时的白色大理石材料，如萨索斯、加尔各答、玻璃白、卡雷拉、条纹雕像白，还有白色的陶瓷和瓷砖可供选择。橱柜和木地板可以选用白色染色板，橱柜也可以选择光滑的白色喷漆柜，甚至灯泡发出的光线都可以选择，从暖光到冷光，还有模仿自然的白光。

上图： 坚固的抛光镍拉手、灰色纹理的大理石台面、白色筛嵌门橱柜完美搭配，相得益彰。这个厨房由詹妮弗·吉尔默设计。
对页图： 拉出水槽地柜并插入一个更具家居风格的地柜；添加凹槽纹饰；在大理石台面的上边添加一个经典双出水鹅颈水龙头；旋转桌腿和栅栏板支撑砧板台面，这些设计都使厨房看起来更永恒经典。

幸运的是，可以通过无数方式和细节的改变将平淡无奇的白色房间变成一个独具特性的空间——老式的、传统的、乡村的、过渡时期的、当代的。在英美混合风格的厨房中，詹妮弗·吉尔默将平板嵌入式高级定制橱柜漆成白鸽白，并增添家具式样的地柜、栅板镶边、旋转桌腿和皇冠造型；此外，她还采用西班牙米黄（米白色大理石）台面、斜岩地铁瓷砖做背景墙、老式不锈钢抽屉拉手和圆形旋转把手，这些都是白色厨房的经典永恒标志。吉尔默与美国建筑师联合会克里斯·斯诺博 (Chris Snowber) 设计的另外一个厨房则颇具乡村农舍的魅力。他们采用相似的白色烤漆橱柜，添加了栅板吊顶；在高高的天花板映衬下，地板与桌子的强烈暖木色对比分明；漆光西雅图雾橡子，四周是凯撒石朦胧台面，岛台上方是铜锈绿色不锈钢台面。还有一个厨房里是一个大的不锈钢冰箱和冰柜，巨大的白色风机罩，大的岛台周围有白色软垫椅。流线形橱柜使整个厨房给人一种干净整齐、前卫现代的感觉。

为了避免视觉疲劳，需要有东西转移注意力，帮助眼睛从白色环境中解脱出来。在另外一个厨房里，吉尔默用带有灰色大旋涡图案的白色雕像大理石做台面和背景墙；墙壁贴上欧泊伊森壁纸；灰色矩形石板地砖以偏置图案铺设而成，这一切都与干净的白漆橱柜形成强烈对比。

对页左上图: 办公区域多次使用重复元素将吉尔默设计的多功能大房间统一起来。皇冠造型、桌腿上的凹槽纹饰、栅板背景墙和橱柜风格也同样出现在厨房工作区。

对页右上图: 内置冰箱上边的深橱柜和堆叠墙内烤箱在主要工作区对称分布。**上图:** 在同一个厨房里设计一款定制风罩,增添了许多视觉趣味。靠近天花板的层叠玻璃门橱柜不仅吸引人们目光,使之上移,还能提升装饰效果并提供储存空间。

还有许多方式可以将白色与其他彩色的配件搭配起来——红色或黑色的咖啡壶、一个橙色或绿色的站立式搅拌机、靠垫、百叶窗、灯具、旋转把手，而且橱柜玻璃门还可以展示丰富多彩的橱柜内容。宽大的玻璃窗能直接将您的视野拓展到室外，更何况大自然母亲最喜欢把彩虹般的七彩斑斓通过食物、蜡烛、鲜花等形式送给您。

白色给您提供一张空白画布，厨房可以在您的智慧下变得妙趣横生、乐趣无穷。而且白色厨房的最大好处是经久不衰、永恒经典。

对页图: 家庭室、餐厅区的大教堂天花板是由烤漆的栅板制成的；橡子均衡分布在橱柜两边；开放式置物架带有很小的皇冠造型。吉尔默使用一种普通抽油烟机和铜锈绿色钢岛台面使厨房其他物品更好布局。延长橱柜沿着用餐区的墙一直延伸，大玻璃窗两侧是大的抽拉式储藏柜。**上图:** 全集成冰箱收藏在左边的角落里，距离水槽近，方便使用。在岛台对面有两个冰柜抽屉。

对页图: 水槽上方的烛台吊灯外笼罩着一层针织网,吊灯发出柔软温馨的灯光会抵消大理石台面和背景墙带来的坚硬寒冷。冰箱隐藏在最右侧的竖框镜像门之后,上边的开放式置物架可减轻视觉厚重感。**上图:** 岛台上的水槽具有双重使命,既可以用作准备槽,也可以在娱乐的时候盛满冰和饮料。油擦青铜拉手和别致的灯具装饰细节为厨房增添了无穷魅力。**左下图:** 白色橡木门与地板搭配正好,既隐藏了物品摆放的杂乱,又打破了用餐区的白墙局限。**中下图:** 在小窗户的帮助下,虽然部分宾客远离聚会中心,但仍能成为其中的一员。**右下图:** 烤箱柜上方的开放空间是展示乡村锅皿的完美地点。在岛台橱柜上安装桌腿会使岛台升高,整体看起来更像成品家具。(设计: 詹妮弗·吉尔默)

上图：这个传统厨房兼备英国和美国厨房的设计特点。米勒冰箱和冰柜统一放入定制的壁柜中，壁柜配有拱形门板，由光滑的染色赤杨木制成。凸起的烘焙中心是并排烤箱，这个区域也进行了抛光。该厨房由印第安纳波利斯厨房设计公司 (Kitchens by Design) 的高级设计师吉恩·阿贝尔 (Gene Abel) 设计。**对页图：**该厨房由印第安纳波利斯厨房设计公司 (Kitchens by Design in Indianapolis) 的高级设计师吉恩·阿贝尔 (Gene Abel) 设计。厨房烹饪区的焦点是古典风格装饰的壁炉架和抽拉式调料塔。台面材料包括向日葵色的有釉砖和胡桃木砧板，四周是刷洗面科斯塔斯梅拉尔达花岗岩。

144

丰富多彩的创作

挑战: 探寻不同方法,用微妙或大胆的颜色使您的厨房充满活力。

根据许多房地产专家的看法,在厨房里增添太多的颜色大胆而又冒险。"选择白色,选择米黄色,下一个卖家会喜欢,卖房子的时候好卖。"他们如是说。但是彩色能够使房间充满生机和活力,特别是厨房,它是一个家庭最繁华热闹的中心。值得一试的是绿色、黄色,甚至是红色的橱柜,谁知道呢? 或许下一个卖家正与您的选择不谋而合,一见倾心。

下列一些方法帮助您做出决定:

- 看一看周围的环境,哪些颜色重复出现? 您最喜欢哪个颜色? 是令人炫目的红色? 还是引发大自然灵感的凉爽蓝色和灰色? 抑或是舒缓柔软的阳光黄色?

- 研究您的衣柜,这将提供巨大线索,比如您每天喜欢穿什么? 哪些衣服经常穿? 哪些从来不穿? 哪种颜色会给您灵感?
- 在杂志、电视、餐馆看到哪个房间会令您心驰神往? 在脑海中记得哪个色彩?
- 您是否更喜欢中性颜色? 当您穿了一套中性颜色的服装,您是否喜欢佩戴五颜六色的珠宝、围巾、领带或皮带?

现在就开始研究后边几页五颜六色的例子,再看第二眼、第五眼,甚至第十眼之后,找出什么颜色最吸引您!

上图: 淡黄色的橱柜是从仿古地砖中获得的灵感。多年前房主在罗马购得此款地砖。**对页图:** 运用嵌入式定制橱柜,表漆为灰褐色和石灰绿色。除此之外,整个厨房都采用曲线造型。台面采用同一色系,背景墙使用百搭的绿色玻璃砖。

有许多雅致的方式可以将颜色带进厨房里。无论是简单放松的家宴还是偶尔一瞥，厨房都会散发出一种温馨愉快的气息，魅力无穷。一些人喜欢深色或中性色的配色方案；另外一些人认为中性色传递的信息是过于安全、死气沉沉、不够友好。正相反，天然木材和染色木材可提供不同颜色的砧板台面、木质桌面和椅子。中性色可以与不同物体搭配——木质台面、地板、家具、金属背景墙、水槽上方带图案的针织窗帘、有趣的灯具、墙上炫目的彩色图案。周围细微柔和色的瓷砖、墙壁烤箱、地板都能形成颜色的层次感和良好的视觉效果。

对页图：因为能够带来室外的美景，所以漂亮的窗户被保留了下来。ASID 的认证厨房设计师克里斯汀·奥克利 (Kristin Okeley) 通过将天花板粉刷成蓝色，营造出天空清新舒爽的氛围。厨房的强调色是白色、黑色和木色；采用的是永恒经典的搭配色，魅力无限。**上图：**华盛顿海岸度假房。设计师加里森·赫林格 (Garrison Hullinger) 把墙壁涂满生机勃勃的绿色珍珠亮漆，春意盎然、通透明亮。这个颜色与 20 世纪 80 年代的磨砂烤漆橡木橱柜和地砖形成巨大反差，颜色层次感分明。

如果您愿意冒险尝试不同颜色，那橱柜可以选择一个大胆明亮的颜色；为了平衡色彩差异，岛台、地板和背景墙的颜色应该不同。设计师詹妮弗·吉尔默和建筑师杰瑞·哈波尔 (Jerry Harpole) 就是以这个理念来设计联邦风格的家庭厨房。因为客户一心想要一个绿色和灰褐色的厨房，吉尔默选用苹果绿色的漆来突出岛台地柜，同时瓷砖背景墙、烧烤室的墙壁也选择了这个颜色。绿色不会淹没整个空间，因为岛台台面是灰绿色的花岗岩，周围是浅灰褐色烤漆橱柜，头顶的天窗和窗户都比较大，并且安装了充足的灯具，地上铺的是橡木地板，与家里的现有地板很搭配。

吉尔默用一个更微妙、更多姿多彩的方式使这个小厨房成为开放式早餐酒吧区。黄色橱柜非常鲜亮耀眼。石板墙与白漆银色藤蔓墙交相辉映。地上铺了一圈客户提供的 18 世纪意大利瓷砖，中间是浅色的兵马俑地砖。这个欧式厨房暖意融融，冰箱上边添加旋转杆来支撑下边的柜台，还营造出了手工制作的氛围。吉尔默使用磨光面花岗岩做台面，把大多数墙柜家具设计成开放式用来展示琳琅满目、花色各异的餐具。

右图：弯曲的橱柜前门不仅增添了有趣的设计元素，而且很好地隐藏了排气系统，同时给陶器提供了展示空间。使用同一个色系则需要巧妙平衡颜色差异来避免单调。吉尔默选用了最深、最强烈的绿色橱柜来抬升玻璃背景墙的亮度，配以带斑点的花岗岩台面。**对页图：**阳光黄色照亮了这个小厨房，空间虽小，但热情不减。半岛台打磨成柔和的曲线，为早餐吧台提供足够的空间，而且吉尔默采用磨光面花岗岩做半岛台台面，增添了现代的对比元素。

混合颜色的注意事项

选一个物品，既可以在您的厨房里使用，又可以给厨房增加颜色。在吉尔默设计的那个黄色厨房中，客户拿来她从意大利进口的瓷砖，这给了设计师提供了一个色彩范围和配色起点。

使用您最喜欢的颜色作为强调色，或选择您家里已经存在的颜色作为强调色。您也可以选用背景墙、墙面漆或室内橱柜的喷漆颜色。如果找到相同或互补的色系板块或艺术品的话，就是意外的收获，可以创造更有凝聚力的外观了。

无论在家具店还是在古董市场，您都需要在这里为厨房选择一件烤漆家具。这个颜色是创建色彩搭配调色盘的起点，可以将橱柜、台面、瓷砖、地板材料的样品与之搭配，看看颜色是否和谐互补。

确保不同颜色之间是平衡的。尽量将强调色平均分布在三个地方。三是一个好的平衡数字，强调颜色应平均分配，避免过量使用某个颜色。不要担心在中心区域使用一种不同的颜色，如炉灶、抽油烟机风罩甚至是凳子。

对页图： 房主密切参与重建自己的整个房子，奥斯丁 CG&S 设计建造公司负责设计建造厨房部分。完美调色盘设计公司 (Perfect Palette) 的色彩专家路易丝·麦克马洪 (Louise McMahon) 选用的是苹果绿的橱柜和鲜红的背景墙。**上图：** 管家的餐具室将厨房、餐厅、客人浴室连接起来。建筑师雪莉·纽伯德 (Sheri Newbold) 设计出一个宽阔的空间，既方便来往通行也形成一个有魅力的休憩区，方便客人喝酒聊天。蓝绿烤漆橱柜与厨房颜色一致；定制设计的储藏柜功能性更好，更具魅力；橱柜内部和上方的照明灯具十分给力，营造出温馨愉快的氛围。

上图: 圣地亚哥杰克逊设计与重塑公司(Jackson Design and Remodeling)的设计师索尔·昆塔纳·瓦格纳 (Sol Quintana Wagoner) 设计了一个充满活力色彩、纹理迷人、文化融合的新厨房。橙色橱柜与岛台颜色互补,岛台台面是苹果绿的凯撒石,配有原生木材天然边框。**下图:** 在相同的厨房里,定制的后挡板在紫色、橙色的映衬下熠熠发光,铜镜和苹果绿成为所有厨房颜色的定义启示色,唤起人们对西班牙历史的思考。**对页图:** 客户希望使用消防车油漆芯片,但设计师杰森·兰道 (Jason Landau) 引导他们接受柔和永恒的红色,"像红色一样经久不衰。"他说。他使用了一种能显示木纹并使颜色更柔和的染色剂,而且这个红色与卡雷拉大理石台面、黑色烤漆岛台台面、陶瓷地砖完美地搭配在一起。

Grocery store:
milk
bread
ice cream
olive oil

Dinner
@
7pm

对页图：印第安纳波利斯厨房设计公司的高级设计师南希·斯坦利 (Nancy Stanley) 和他的客户对自然色石板瓷砖背景墙一见倾心，背景墙与绿色橱柜非常搭配，与深绿色的皂石台面也形成了强烈的对比。**左上图：**为了解决厨房新老两部分的过渡问题，吉尔默用一个曲面柜来掩饰墙上的轻微错位。**右上图：**阿迪尼设计团队 (Adeeni Design Group) 的设计师克劳蒂亚·贾司托 (Claudia Juestel) 努力提高一个白米色厨房的采光效果，构建一个"快乐"空间。她在 4 个窗户上悬挂带有棕色釉的黄色定制窗帘，颜色柔和，沉稳厚重。结果是房间的明亮程度正好，欢乐融洽的氛围正好，没有过分的喧闹花哨。

想在您的厨房引进更精致的颜色吗? 不妨试试
把颜色放在容易更换的房间部分和配件上, 当
您觉得无聊乏味的时候, 更换也会很方便。

- 在背景墙的玻璃砖和金属砖上添加颜色, 或
  选择带颜色的台面, 或选用创意无限、色彩斑
  斓的旋转门把手或拉手。
- 可以考虑选择一些彩色的物品, 比如凳子、针
  织品、小家电、擦碗巾、餐具、钟表、带彩色粉
  笔的黑板、孩子们镶在五彩框里的艺术作品、
  用对比色调喷过的餐具储藏室门。
- 粉刷墙壁, 或粉刷天花板或贴壁纸。
- 通过您选择的灯具、开关板、窗帘和灯泡增添
  色彩, 通过安装调光器提高亮度和色彩的对
  比度。

增加妙趣横生的色彩, 不但创造了属于自己的独
特空间, 还能彰显个性。

右图: 在米切尔·曼宁设计事务所 (Mitchell Manning
Associates) 的帮助下, 乌尔里希股份有限公司 (Ulrich
Inc.) 的设计师茱莉亚·克雷曼 (Julia Kleyman) 引进蓝
色的室内装饰、图案、天花板, 设计了个性十足的经典白色
厨房。**对页上图:** 在尔瑞兹设计公司 (Errez Design) 的设
计师凯蒂 (Katie) 和鲁本·古铁雷斯 (Ruben Gutierrez)
设计的这个厨房中, 贴满黄色壁纸的天花板给厨房增添了
无限魅力, 大大超过了预期。该策略的另外一个优点是,
壁纸始终保持干净、新鲜, 不会受潮湿、脏污的环境影响,
也不会因油腻的指纹和油烟而发生损坏。**对页下图:** 在这
个小户型厨房里, 生活设计股份有限公司 (Designs for
Living Inc.) 的认证主厨卫设计师温迪·约翰逊 (Wendy
Johnson) 增添了一点儿建筑面积, 即增加了一个家庭室,
并选择柔软的鲜绿色橱柜, 与紫的凳子遥相呼应, 对比
鲜明。台面选用的是康涅狄格地区盛产的经典白色大理石
台面, 与白色地铁砖背景墙搭配和谐。

选择厨房颜色

当设计厨房时有很多重要的决策需要您来做,如电器、任务区、储藏柜。您所做的最后一个决策经常不是您一走进房间就看到的那个样子——颜色搭配。

颜色选择适用于厨房的许多领域,包括油漆和着色剂。橱柜、台面、背景墙、硬件、地板、家电需要选择一个颜色或一组色系。所有因素考虑全面之后才能做出颜色选择,以保证所有颜色和谐搭配,房间设计完整统一。看一看色环,选出令您最开心的颜色。当您心中已经想好配色方案,橱柜、硬件、台面的颜色才会更容易选择。

选择正确的颜色也意味着创造一种平衡感。一种颜色可以用作一个房间的主色调,比如柔和的蓝色。房间里的其他颜色都用来补充主色调,例如,如果您房间的主色调是柔和的蓝色,则可以选择镍质五金件和炭灰色花岗岩台面。显然,蓝色应该用作墙壁的颜色,这有助于确定房间的主色调,所有其他颜色都应该与蓝色互补。

不但颜色可以确定房屋的主色调、调节情绪,纹理和图案也有同样的功能。这个房间要明亮鲜艳还是柔和低调?对孩子和异想天开的成年人来说这里乐趣无穷、充满无限魅力。还是一天工作疲惫之后,您在这里可以安安静静地享受红酒,读读书?

橱柜

橱柜在厨房里占有重要地位。在厨房里一般不能放舒服的长沙发和颜色明艳的毯子,虽然现在的厨房设计经常打破常规。橱柜是房间里的"家具",它的颜色是首先需要考虑的。抛光染色柜是经典款,光洁润滑、大气高雅。不过最近烤漆橱柜备受青睐,可选择的也比较多——明亮的白色具有当代气质;奶油米色则永恒经典,是更安全、更大众的选择。喷漆橱柜具有现代的外观,适合高端环境。红色和苹果绿色彩鲜艳,活力十足,可吸引同样能量充沛的客户群。无论选择什么颜色,您的心情都应该传递阳光、干净、清爽、高效,因为厨房是您施展拳脚的地方。

地板

明亮的地板分外显眼,柔和的地板更容易成为背景。我喜欢用颜色把注意力引向高处,而不是低处。如果选择木地板,它应该与橱柜形成对比或搭配和谐;避免选择相近但不匹配的颜色,因为这看起来仿佛您很努力地搭配颜色却徒劳无功。

台面

台面颜色具有多种功能。首先,它是您的工作空间,必须养眼。有些人认为黑色花岗岩、皂石、石英石台面深沉厚重,与浅色橱柜对比强烈,可形成丰富的颜色层次感。有的人青睐柔灰色台面,这也会形成极好的视觉效果,但不会造成强烈的视觉冲击。

其次,台面给您提供设置强调色的机会。强调色一般在中心位置,例如,如果您使用染色橱柜,橱柜的漂亮颜色会则衬托起整个房间;再如,如果是白色或灰白色橱柜若搭配安静颜色的地板,台面就可以选择明亮鲜艳、热情洋溢的流行色。

墙

大多数厨房在安装电器、背景墙、窗户、门之后，墙上所剩空间不多。这里有一些经验法则：如果橱柜接近天花板，还没有接触到天花板，可在空白区域添加饱和墙颜色。如果橱柜的颜色明亮，墙的颜色就要柔和，不要与橱柜一样鲜艳。染色木橱柜要搭配浅色墙，因为明亮颜色的木头很显眼，可自成强调色。如果您通常选择米色，那这次可以上升一个等级，选择温暖的焦糖色。如果您喜欢清新如春天的嫩绿色，就要确保它足够明亮能够创造您想要的心情，而不是折旧淘汰的效果。您还可以通过小家电来提升颜色，如黄色或粉色的立式搅拌机，盘碗杯盏或最喜欢的餐垫、餐巾都可以选用漂亮的颜色，或仅仅选择一个使您愉悦的颜色。选择面漆时，您可以选择喷砂面、半光面、光面、高光面或喷漆面，但一定要考虑到日后的保养，因为有的材质容易打理、一擦即净，有的材质则容易反射出污渍和灰尘。

天花板

天花板通常被称作房间的第五面墙。天花板可以与房间的内饰色混在一起，也可以自成强调色。如果您的橱柜是白色或灰白色，请考虑天花板如何与之搭配。如果您的橱柜是木质的，那天花板应该与房间里喷漆的内饰色相同。如果您想要强调色，奶油米色、柔蓝色、灰色等流行的颜色都能创造愉悦的心情。最重要的是，天花板不能是一个鹤立鸡群的艳丽的颜色，而应该与橱柜和墙壁的颜色互补。与内饰色相配或选择细微柔和的强调色是不错的选择。

罩面漆

在选择罩面漆时，一定要考虑到厨房里的墙壁将暴露在潮湿、炎热、油烟环境下，还要经受一系列温度的考验。您一定想让每一件厨房里的物品都用得持久。当您选漆时，一定要确认订购适量。与油漆专家聊聊，阐明您要买的是厨房用漆，并描绘下设备的选择以及房子的使用方式。不同的公司可能使用相同的罩面漆，以分享尽可能多的信息；因为价格经常浮动，所以需要我们努力从不同制造商手里获得不同报价。

平衡感

在彻底结束前，需要确认所有颜色搭配和谐、平衡对称。如果您想创造一个友好和睦的空间，所有颜色及其组合都应该是乐观上扬的，如暖黄或鲜绿。如果您想在夜晚把灯光调低创造浪漫的气氛，请考虑使用奶油色、温暖的金色和朴实陶器色。如果您考虑选用深色的橱柜、墙壁、壁柜和地板，就需要清楚暗沉的颜色会造成压迫感和抗拒感。同时，请注意灯光就像蛋糕上的糖霜一样会使颜色加深。厨房比其他房间更具有反光性，因此有光泽的橱柜会衬亮电器和台面。材质和颜色搭配得当才能提高厨房的整体效果，打造出干净整洁、通透明亮的温馨厨房。

颜色选择要明智，因为这反映了您的内心和灵魂。与选择厨房设计方案中其他东西一样，应谨慎做出您的颜色选择。

艾米·韦克斯 (Amy Wax)，《不能失败的配色方案 厨房及浴室 (创意房主)》(*Can't Fail Color Schemes Kitchens & Baths* (*Creative Homeowner*)) 的作者，拥有 25 年以上的工作经验，为房子的内外部，包括厨房，做出颜色选择。

开放式厨房

挑战： 向其他房间开放的厨房，意味着厨房的风格和功能与毗邻的居住区混合在一起。

经过传统殖民者和居民的改造和重建，厨房更加适合今天积极的生活方式，成为家庭生活的核心。最初的厨房完全独立于客厅、餐厅、书房、家庭室、户外及其他区域。在 20 世纪 50 年代，一批先进的建筑师怀揣着开放楼层的计划，开始设计所谓的"现代"房屋，将客厅和餐厅连在一起，厨房不再独立，而是向其他区域开放，旨在创造高效的家庭生活。20 世纪 70 年代，城市中心在老工业区为艺术家和音乐家提供开放式阁楼，生活和工作几乎在同一个房间里进行。今天的开放计划满足不同品位和生活方式的需要，以厨房为中心，与其毗邻的地区可以用来休息、用餐、工作、娱乐。

开放楼层计划包含许多配置，如果这种风格吸引您，还请选择适合的最佳配置：

- 带有休闲饮食区（吧台、岛台、半岛台）的工作区一般还具备其他功用（额外的备餐区、学习区、工作区），这个区域是完全开放的，就像在阁楼上一样。厨房的罩面漆还能反映出其他房间的家具、颜色和材料。
- 工作区与用餐区或社交区相连，如家庭室。
- 通过其他区域的建筑元素，如横梁、立柱、内置家具、家具组合、地毯等，把一个区域划定出来。

上图： 超大岛台带有整体水槽，两侧和后部都有宽大的外伸台，因此既可以用作备餐台，又可以用作桌子。与家庭室相对，一眼就能望见壁炉和厨房，且容易清扫。选择相似色系的台面和瓷砖可增强空间凝聚感。**右图：** 吉尔默在这个项目中，拆除了厨房和家庭室之间的墙并减少墙柜的数量。在家庭室对面安装一个落地柜用来储存东西，落地柜的颜色与厨房橱柜颜色相配。隔板置物架的木纹罩面漆与橱柜一致，使整个房间颜色和谐、搭配有致。

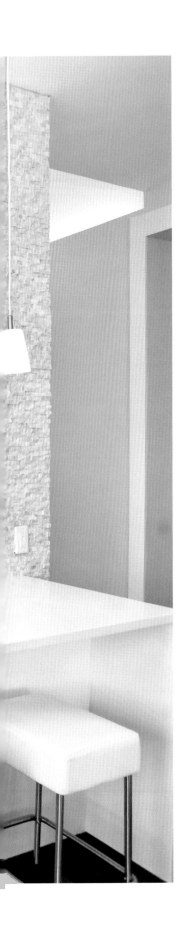

去开阔的户外

人类设计公司 (Designs by Human) 的设计师乔·休曼 (Joe Human) 将封闭、装满家具的房间，如小厨房、餐厅、客厅，转变成一个开放式、现代、舒服的生活区。该区域既有宾客和孩子的活动区，也有主人的娱乐放松区 (左图)。因为原有空间的天花板是波浪起伏的，所以会投下难看的影子，不过休曼将天花板的高度调低到 10 英尺 (3 米) 高，这使得空间显得更宽敞。

他说，现在所有家庭成员都可以在同一空间的不同区域同时活动。

建筑师艾米·A.阿尔珀 (Amy A. Alper) 也知道如果设立单独活动区，长房间里的所有墙都要拆除掉，这样做才能使房间的功能会发挥得更好。房主希望将现代美学贯穿整个房间，一端是工作区，中间是生活区，另一端是用餐区，使整体和谐优美。

左图: 设计师乔·休曼将原来封闭的房间打通、联系在一起，保留了独立的烹饪区、休息区和用餐区。**上图:** 建筑师艾米·A.阿尔珀和马克·赫梅尔 (Mark Hummel) 用现代的方式将原来房子中的墙拆除，留出工作、生活、就餐的区域。

上图: 使用花旗松原木将一个大的开放式房间的不同功能统一在一起, 这是由建筑师菲尔·罗辛顿 (Phil Rossington) 设计的。**左下图:** 开放式厨房可能包含不同功能, 具体要取决于这个家庭的生活方式。在此案例中, 设计师苏珊·道林 (Susan Dowling) 在窗边设立一个小憩休闲区。**右下图:** 在道林的另一个设计中, 岛台将工作区和休息区加以区分。

罗辛顿建筑设计公司 (Rossington Architecture) 的建筑师菲尔·罗辛顿设计的这个厨房。他在整个房间使用相同垂直纹理的花旗松原木 (对页上图) 将不同功能区联系在一起, 仅形成最小的隔离区; 一个柜台用来隐藏后边厨房的杂乱; 入口处设立一个木屏风, 既表示入口位置, 又起阻隔的作用, 使人在前门看不见室内的景象。

橱柜一直延伸到就餐区和生活区, 将彼此紧密相连, 大的开放空间更加静谧安详。因为好的采光效果对于大区域至关重要, 罗辛顿使用天窗将自然光引入室内, 不仅提高了室内天然照明效果, 还增加了垂直高度。

将厨房与社交区或就餐区合并

有时, 只有一个额外功能是有意义的, 正如苏珊·道林室内设计公司的设计师苏珊·道林发现的那样, 两个不同的家庭都有共同的要求, 在社交的时候希望能够看见厨房。一个在佛罗里达州杰克逊维尔北部的阿米利亚岛, 休息区面积很小, 仅仅在窗前有一个分隔区。房主希望在她准备饭菜的时候家人就在身边, 所以她选择在岛台附近设立休闲用餐区, 同时在窗边的小憩区安装壁挂电视, 放好舒服的沙发软垫, 十分别致用心。在格鲁吉亚亚特兰大的第二个厨房里, 道林在石头壁炉旁设立了休息区。天花板的不同高度将房间自然分区; 一块东方风情的地毯把休息区标注得十分明显 (对页右下图)。房主的身材都很高大, 因此岛台的高度、洗碗机的高度都相应有所提高, 方便他们使用。

威廉·卡利加里室内设计公司的设计师威廉·卡利加里 (William Caligari) 在自己设计的厨房里实现了工作区和用餐区的合二为一 (左上图)。现在很少有人使用正式的餐厅, 所以设计师将它转变为厨房不远处的藏书区。厨房把烹饪区和用餐区联系起来, 使得卡利加里与妻子帕斯卡莱 (Pascale) 在这里一起烹饪, 一同用餐。如果有客人来访, 在忙碌的备餐和招待客人过程中, 他们依然可以和客人交流。因为卡利加里希望厨房是明亮通透的, 所以大多数的橱柜、柜台、墙壁、灯具都采用粉笔白色。他在烹饪墙上设计了两个胡桃木橱柜, 墙柜内部是石板蓝色。餐具柜和墙柜安装玻璃门以便看清内部的存储物品。"人们认为瓷器、玻璃器皿、食品应该藏起来, 但这取决于您拥有的东西。"他说, "我们橱柜里储藏的干货看起来棒极了, 还有瓷器、玻璃器皿、厨房用具都很棒, 为什么不看清一切呢?"

左上图: 设计师威廉·卡利加里设计自己的家——厨房兼有烹饪功能和就餐功能。**右上图:** 设计师伊丽莎白·特兰贝里 (Elizabeth Tranberg) 在大开放式厨房中留出一些空间用餐。

厨房里大的用餐区既为谈话交流和朋友聚会提供方便，也不会影响到工作区的活动进程。厨房来源设计公司 (The Kitchen Source) 的设计师伊丽莎白·特兰贝里采用这个方式设计厨房 (167 页)。通过室内陈设自然分隔出客厅区，并注入一种独立感，同时唤起人们的视觉兴趣。同时，两个空间紧密地凝聚在一起，用作放松休息区时，这里给人一种开放自由的感觉；用作组织有序的聚会区时，则给人一种正式规矩的感觉。SCW 室内设计公司的设计师沙扎林·凯文 - 温弗莉 (Shazalynn Cavin-Winfrey) 用一个大的岛台将开放式厨房和家庭室隔开 (右图)。同样重要的是，整个空间的墙上使用同一个图案，创造出一种连续感。岛台上方大的吊灯拉长了整个空间。

将厨房与另外一个房间相连，在二者中间留出一块空地，形成一种隔离感

没有墙的阻隔，自然光能从其他房间透到厨房中。设计师詹妮弗·吉尔默用这种方法设计了两个新厨房。第一个厨房的特点是，传统砖墙后的工作区面向休闲用餐室和大的家庭室开放。拆除厨房和家庭室之间的墙，取而代之的是落地柜。落地柜既将两个房间隔离开又提供丰富的存储空间。吉尔默将 2 英寸 (5 厘米) 厚的谷金大理石半岛台面用作休闲娱乐的吧台区；厨房一边放置饮料冰柜和冰酒柜；增添了隔板置物架和腹饰使各个空间紧密结合、和谐一体。这两个房间的共同点是胡桃木橱柜、深色系、当代风。

上图： 白色橱柜在活力绿背景墙的映衬下显得高雅大气；印尼船木手工橱柜别具异域风情，充满个性十足的阴沉神秘感；错位排列的橘黄色现代吊灯勾勒出餐桌的轮廓，将用餐区与其他区域分开。这个厨房由杰克逊设计与重塑公司的设计师索尔·昆塔纳·瓦格纳设计。**对页上图：** 在 SCW 室内设计公司的设计师沙扎林·凯文·温弗莉设计的厨房中，岛台具有分隔界限的功能。**对页下图：** 在詹妮弗·吉尔默设计的厨房中，岛台是重要的辅助工作台，距离水槽及其他设备很近。

第二个厨房的设计灵感来源于配有漂亮厨房和超大岛台的阁楼（左图）。岛台的两侧和后部都有外伸台，可以伸出来作为家庭厨房用桌。冰箱紧挨着主厨房；主厨房里有一个旧的管家餐具室，这种设计给人的感觉是空间变得更大、更开放。隔板置物架后边的墙壁与对面的壁炉墙铺贴相同的瓷砖。置物架位于风罩两侧，可提供开放的存储空间。壁炉墙上有一个放电视的凹处；从厨房一眼望去，通畅无阻、一览无余。

在这个主题下的第三个厨房中，厨房和毗邻的家庭室地平面有些变化，即在两者之间形成一个天然的界限。厨房设计公司的设计师克里斯汀·奥克利在两者之间放置了一个长长的储物柜，这样做既扩大了存储空间，又成为了天然的分隔物。厨柜上方的垂直支撑梁露在外边（上图）。按照任一方案进行设计，您的厨房和毗邻地区都会成为家里最有趣、最忙碌的地方。

左图: 质朴灰背景墙砖与炉灶上方的不锈钢方块巧妙地形成对比。在吉尔默设计的这个休闲厨房里，开放式置物架代替了墙柜；用餐者随手拉一把椅子坐下就可以在宽大的岛台前用餐。**上图:** 在克里斯汀·奥克利设计的厨房中，柜台前的凳子不仅有趣而且有一种在 20 世纪 50 年代用餐的怀旧感。

家庭友好中心

挑战: 使您的厨房成为供所有家庭成员使用的一个明亮迷人而又方便实用的中心。

如果您的厨房是家庭的中心,每个人都光顾使用,那么它的设计难道不应该满足每个人的愿望,包括行动不便的成员吗? 在经过良好设计和增添额外功能之后,您的厨房会很惊艳,能使每个人都满意。

在您设计家庭厨房之前,要分析每一个成员和他们的朋友是如何使用厨房的,如何将多重功能融于有限的空间之内,又不会给人造成拥挤感和压迫感。梦想中的完美厨房应该是厨师的天堂,为家人和公司备备餐,闲暇时坐下来喝喝咖啡,读读报纸,舒舒服服地接接电话,看看窗外的美景。一天工作结束之后可以在这里品品红酒,放放松。周末时在这里可以为家人准备暖意融融的爱心早餐。

对于小孩来说,这里是亲子玩耍、做手工、做作业的地方;对于到访的成年人来说,这里是畅所欲言的聊天场所,坦诚交流、无拘无束。

上图: 詹妮弗·吉尔默设计的这个厨房中有一个巨大的岛台,岛台在工作三角区之外为孩子们准备了充足的活动空间,还可以边玩边吃零食。**对页图:** 在詹妮弗·吉尔默和维德曼建筑师事务所合作设计的厨房中,一个定制的抽油烟机风罩悬挂在玻璃炉灶台上方。厨房窗前视野通透,一眼望去窗外水景尽收眼底。胡桃木砧板岛台台面一直延伸到花岗岩台面处,两个台面完美对接能够容纳 7 个人坐下来就餐。

在詹妮弗·吉尔默设计的这个厨房中，重点放在开发厨房的多功能性。带凳子的岛台比准备区高几英寸，放置一张独立的桌子，设计一个通往家庭室的传菜口（上图）。拆除餐厅和厨房之间的墙为岛台提供空间，也为家人提供更大的娱乐和小憩的空间。就餐区后边的墙是厨房的延续，配套橱柜提供额外的存储空间，在中间门后隐藏一张小书桌。书桌门后的软木钩可以悬挂体育日程表、照片、任何用着顺手的小物件。

左图: 虽然有这么多的入口和窗户，但吉尔默发现找一个放冰箱的位置很难。解决办法: 把 27 英寸 (68.5 厘米) 宽的 Sub-Zero 嵌入式冰箱放在嵌板下 (在主门口的左侧)，这就为就餐区的双层软曲面山毛榉砧板吧台腾出放置空间。在传菜口下增加一个准备水槽，在冰箱的旁边放置一个台下冰柜，这个设计给房主增添了一个功能强大的独立工作区。
上图: 传菜口使用与橱柜相同的深色樱桃木窗框，将厨房和家庭室完美地连接在一起。吉尔默在窗户右侧放置橱柜，不仅提供充足的储藏空间，还能把中心书桌区隐藏起来。

吉尔默把这个岛台做得格外大，有 6 英尺 9 英寸 (2.1 米) 长、4 英尺 (1.22 米) 宽，能够容纳所有家庭成员围坐一圈。岛台上方是 3 英寸 (7.6 厘米) 厚的凯撒石台面。橱柜上方的开放式置物架可以放置家里五彩斑斓的盘碗碟盏，每个人随手可取需要的物件，十分方便。色调柔和的玻璃板背景墙为厨房提供明亮欢快的背景。客户要求安装两个水槽，彼此之间仅仅 24 英寸 (61 厘米) 的距离，几乎并排而立。客户喜欢烘焙，有时需要孩子们的帮助和参与，在这里，他们可以享受爱意融融的亲子烘焙时光。在这个宽敞开放的厨房里，岛台另一侧放置餐桌，左边设立一个小憩休息区，妈妈在烹饪烘焙时，孩子可以玩耍闲聊。

右图: 用一个开放式置物架和不锈钢电器打破整面墙橱柜的格局，避免造成强势、压抑的感觉，同时增添了隐藏的存储空间。**对页图:** 在同一个厨房里，吉尔默用背漆玻璃制造无缝背景墙，背景墙将从窗户照进来的阳光反射在厨房里，增加采光效果。超大的岛台具备多重功能，安装了高高的黑色下挡板，使之看起来不粗糙笨重，而更像是一件成品家具。

所有不同家庭的需要如何纳入完美的设计中?

- 一定要配足好的设备,因为多个厨师需要准备、烹饪、服务、清洗,但是不同的任务区是分隔开的。
- 要有舒适、充足的座位,因为许多人的愿望清单上都要求在厨房里能喝喝咖啡,读读报纸。在壁炉墙上安装电视,附近摆放长沙发或椅子,或至少在家庭室附近找一块开阔的空间用来休息小坐。
- 给孩子们准备好玩耍、涂色的柜台或开放的地板空间;旁边要有饮料柜和微波炉抽屉、书架或玩具箱,不仅能收纳图书还能用来做游戏。

- 额外的柜台。如果家里有腿脚不灵便的老人,应该准备一个低一点儿的柜台。家里准备几个可移动的方便凳,一旦到访宾客骤然增多还能有休息的地方。
- 准备一块黑板或软木板用来作备忘公告板;柜台一定要配有插座以便智能手机和平板电脑充电;如果还有额外空间,可以增添一个沾泥物品寄存室来存放背包、外套、靴子及其他杂物。这个寄存室单独设立,使没有杂物干扰的厨房干净整洁、井井有条。
- 从与室外正对的区域不仅能看到室外的风景,而且能监督家庭成员的室外活动。

对页图: 为了给大家庭提供用餐和做作业的空间,阿尔赫室内设计集团有限公司 (Arch-Interiors Design Group Inc.) 的设计师克里斯托弗·格拉布 (Christopher Grubb) 设计了一个大的岛台作为指挥中心,旁边有水槽和炉灶。为了坐下时膝盖舒服,岛台台面超过橱柜向前延伸了一段,形成 16 英尺 (约 40.6 厘米) 到 20 英寸 (50.8 厘米) 长的外伸台。在拱形天花板上添加横梁构成乡村小屋的造型,营造了温暖舒适、亲密和谐的氛围。**上图:** 为了满足烹饪和娱乐的需要,房主需要一个超大冰箱、双烤箱、煤气灶、岛台和内置咖啡中心。神圣厨房设计室的设计师玛丽特·巴尔苏姆将所有设备配置齐全,包括留出两个凳子的空间,以便父母备餐时孩子们有地方吃东西、写作业。

无论这个家庭有一名成员还是多名成员，都一定要考虑安全问题；如果家里有老人和孩子，这个问题尤为重要。安全问题包括好的采光效果、消除尖角、盖好电线。如果抽屉和壁橱里装的是药品和清洁用品，那一定要锁好。如果家里有一个连接不同地面高度的台阶，地板的颜色和纹理就应该有变化作为提示。材料应该方便擦拭、易于打理、结实耐磨。您可能考虑使用弹性地板材料，例如质感十足的软木和橡胶材料。对于坚硬的台面而言，石英石或石英岩比多孔的大理石台面更易于打理和维护。同样，半光面烤漆或罩面漆橱柜和墙面比亚光面用得持久。如果家里有宠物，您应该铺设防刮地板，选择陶瓷地板或瓷砖而不是木质地板或石板地板。

永远不要忘记您的预算。试试一个舒服的沙发或蓬松的软垫椅子如何？在您的凳子或座位上加上软垫或靠枕。如果空间有限，不能放置一个容纳所有人的桌子时，您也不需要大动干戈，把分隔餐厅的墙拆掉——空间打通就会更宽敞通透，所有问题即可迎刃而解。

上图：加利福尼亚沿海厨房中不同寻常的梯形岛台是由杰克逊设计和重建公司的高级室内设计师塔蒂亚娜·马卡多·罗萨斯 (Tatiana Machado-Rosas) 设计的。设计师强调家庭凝聚力，无论用餐还是写作业，家人都应该在一起。**对页左上图：**额外的面积为厨房岛台提供了充足的空间，这里已经成为家庭活动的中心。这个岛台存储空间很大，配有准备水槽、博世电炉和玻璃风罩。**对页右上图：**在同一个厨房里，扩大的空间开辟了一个直径 42 英寸 (107 厘米) 的圆桌就餐区。宽大的滑动门固定气窗采光度好；坐在窗边用餐，后院的田园风光尽收眼底。**对页下图：**L 形柜台的台面空间大，特别适用于没有岛台的小厨房。厨房虽小，但功能俱全。尔瑞兹设计公司的设计师凯蒂和鲁本·古铁雷斯把洗衣设备换了个地方，腾出一个小的早餐区。开放式置物架可随意展示日用品。

多重任务魔术师

挑战：设计一个配备多个工作区的大厨房，能够举办各种新型厨房活动。

如果您幸运地拥有一个大厨房或在房子里正谋划建一个新的厨房，请一定要利用好空间，将其建设为具有明确工作区的五星级厨房：准备食物区、清洗区、就餐区；每个区域都有重要的摇铃和口哨。

紧张忙碌却有条不紊的厨房运行的奥秘是每个人都各司其职，不打扰别人的工作；一个人从冰箱里取出食材，另一个人从准备台走向炉灶去搅拌晚餐原料，这两个人不会撞到彼此，更不会构成妨碍。这并不是说忽视主水槽、炉灶和冰箱（冰柜）构成的传统工作三角区，而是在各自独立工作区内安排好设备位置、台面空间和存储地方。与传统的堆叠方式不同，这个厨房可能在两个不同的位置安装墙上烤箱以便满足不同的烹饪需要；将冰箱和冰柜分开，给彼此更大的空间；额外安装一套带洗碗机的水槽以应对聚会后的清理工作。

上图：设计师詹妮弗·吉尔默设计了一个专门用来储藏红酒的专栏，旁边是开放式置物架，用来展示收藏品。**对页图：**在同一个厨房里，定制的天然樱桃木家具覆盖整个空间，将厨房、家庭室、书桌区联系在一起。家庭室的横梁、柱子都用木头包起来，两个房间都做了多个皇冠造型，使得空间凝聚力增强。

让我们准备吧

考虑指定一个准备区以便在那里洗菜、切菜、称重、配菜。这个区域应该靠近冰箱、水槽或常用设备；如果可能的话，最好距离洗碗机或烹饪区近一些。在这个区域里，炉灶居于中心位置，两侧或一侧应该留出充足的台面空间放置锅碗瓢盆、微波炉手套等；水龙头和安全设备如急救箱和灭火器也要放在随手可及之处。如果您热衷烘焙，在这个地区里应该额外设立一个烘焙中心。常用的原料应该存放在炉灶附近，炊具随手可用；准备一个切压揉擀面团用的大理石面板；橱柜应该有插槽，用来存放烘焙浅盘和蛋糕盘。如果厨房配备烤架，切记要选择大功率的抽油烟机。

如果空间和预算都很充足，可以在厨房里多配备烤箱、水槽、工作台、饮料柜和存储空间。

对页上图：提高吧台柜几英寸，从家庭室望过去，吧台柜正好能隐藏水槽那边的杂乱。对页下图：巧妙利用空间，在台面下方增加小隔间来储藏红酒。左图：延伸水龙头后的台面就可以为食物准备区提供宽敞的空间；灶台两边有柜台和隔板。将烤箱和灶台分离有助于缓解交通压力，方便多个厨师同时开展工作。（设计：詹妮弗·吉尔默）

让我们用餐吧

用餐区要有岛台或半岛台、独立式桌子、椅子、折叠壁挂桌、嵌入式长条形软座,它们的位置应该距离银器、玻璃器皿、亚麻制品、调味品很近;如果可以,用餐时能看到其他工作区最好。

上图: 生活设计股份有限公司的认证主厨卫设计师温迪·约翰逊赋予"多重任务"这个词新的意义——厨房既是美食烹饪家和烘焙师严肃的工作空间,又是配有桌子、红酒柜、咖啡中心、变色 LED 照明和巨大电视的饮料服务区。**右图:** 在洛丽·卡罗尔建筑师事务所的设计师洛丽·卡罗尔 (Lori Carroll) 设计的这个大厨房里,宽大的台面空间方便厨师工作和配餐,这里还配有固定圆餐桌、先进厨房设备、精致橱柜和漂亮灯具。

让我们清理吧

清理中心应该距离其他工作中心的储藏区近一些，并配备肥皂和毛巾；柜台空间要充足以便堆放待洗餐具并自然晾干。

对页图和上图： 装饰家室内装饰公司的设计师桑迪·科扎 (Sandy Kozar) 设计的厨房向餐厅开放，配有大的岛台可供娱乐、休闲用餐和完成清理工作之用。**左图：** 设计师桑迪·科扎在这个空间里配备内置咖啡中心，与内置冰箱／冰柜并排而立。

让我们工作和玩耍吧

如果空间充足，付款台那么大的地方也可以作工作区，只要柜台不用作备餐区就可以；折叠式壁挂书桌也是工作的好地方。工作区已经没有以前那么受欢迎，因为电脑变得越来越小，无线网络无处不在。同时，可以考虑构建一个带饮料柜的零食区，在那里可以收发邮件，便携式的电子设备还可以充电。当然，也可以在一个独立开放的房间里构建座位区，为了区别不同分区，各个区域的高度应略有不同。天气好的时候，打开房门轻松进入户外，房间变得更大更通透，心情自然更美好。

上图： 厨房虽小，功能俱全。人类设计公司 (Designs by Human) 的设计师乔·休曼 (Joe Human) 重新设计厨房的布局。他将客厅、餐厅设计为彼此相对，与厨房相通。这是紧密的三角形布局，配有舒服的柜台，备餐和用餐都很方便。**对页图：** 在这个黑白分明的厨房里，凯瑟琳·申纳曼室内设计公司 (Katherine Shenaman Interiors) 的设计师凯瑟琳·申纳曼设计了一个大岛台，能够满足每一个厨师的工作需要，而且方便就座用餐。

非烹饪区和清理区最好远离油烟、热气和水汽。幸运的是，随着科学技术的进步，现在的产品越来越好，抽油烟机和炉灶上已经没有太多热气了。如果厨房空间允许，也可以采纳设计师詹妮弗·吉尔默的建议：一个独立的岛台用作清理区；清理岛台离餐厅近一些，旁边紧挨着早餐吧台。如果空间有限，在冰箱之间放一个准备槽，距离炉灶24~36英寸（61~91厘米）。橱柜是L形或U形或直线形，沿着橱柜台面区所有烹饪工作都能完成。清理水槽可以安装在就餐区附近的主岛台上。

今天的厨房不仅仅用来准备餐饭和打扫卫生，还有其他用途，因此要选择美观大方而又结实耐磨的厨房材料，而且要考虑到这些多重任务魔术师需要营造视觉平衡。橱柜虽然功能强大，但过多的橱柜会使房间看起来幽闭狭促，所以需要添加开放式置物架或隔板置物架。置物架不能太高，切忌与天花板持平；不要过多选用深色木头或反光表面，上述注意事项同样适用于地板和台面。一块精致的小地毯、不同花色图案的地板或地砖、独特设计的背景墙能够为厨房增添一抹别样的风情。

增添充足的照明设备并根据任务需求选择不同设备。无论白天还是黑夜，都要保证室内的照明效果。今天的照明技术非常发达，在同一区域可以采用不同层次、不同颜色的照明。调光器的作用很强大，可以改变同一区域的照明光线，软化整体光线；餐桌上的灯烘托浪漫氛围；炉灶上的灯光彩明亮。如果您喜欢音乐，也可以考虑在整个房间布好电线，方便安装音响设备。

在一个殖民风格的房子里，吉尔默是这样设计厨房的：改变岛台木头台面的罩面漆，添加菱形瓷砖背景墙，把一部分墙壁粉刷成沧桑感十足的赭石色。周边的白色橱柜、上边的白色天花板和斜铺洞石地砖将整个空间完美地统一在一起，和谐雅致。

如果您的厨房完成上述所有活动，它就是家庭的中心。房子里的其他房间几乎都是多余的！

对页图：在吉尔默设计的这个厨房中，微波炉上方用开放式置物架打破橱柜的一成不变，置物架两侧是玻璃门橱柜，使整面墙看起来清新活泼不沉重。岛台上的深色木地柜安装的是车制家具腿。**左上图：**在吉尔默设计的这个多重任务厨房中，厨房与家庭活动室分隔开，另外一个岛台里放置红酒冰箱和挂式烤箱。**中上图：**一个定制的抽油烟机风罩打破了墙柜的连续性。**右上图：**现代吊灯为岛台的胡桃木台面提供照明，这盏吊灯与水槽台上方的两个吊灯交相辉映。

用餐主角

挑战: 根据您房间的大小、比例、用餐人数设计一个可以在里面用餐的厨房。

一个温暖、怡人、可以在里面用餐的厨房为今天的现代家庭提供双重责任。但是设计装修这样的厨房,特别是小户型厨房,需要谨慎周到的布局。您可能想要保持用餐区视野开阔,抬眼既能看到厨师,又能看到室外美景,或看看电视。您要做出一系列的选择,比如从岛台到半岛台、长条形软座、传统餐桌等。

一个岛台或半岛台,甚至短的半岛台,都能缓解主要工作区的工作压力,成为美观实用的备餐区和就餐区。但是您的厨房必须够大,才能具备这些功能特点。为了保证来往通行通畅,至少要留出 39 英寸 (1 米) 到 48 英寸 (1.22 米) 的空间。如果没有这么大的空间,也可考虑一个短的、窄的岛台或半岛台,一端拓宽或做成圆形,能够放置至少两个凳子或椅子,也可以把台面延伸,需要时上翻打开,不需要时下折收好。值得注意的是,吧台凳对于小孩和老人来说都难以驾驭,柜台凳更适合一些。装配脚轮的凳子在不用的时候也可以推走收好。

上图: 在詹妮弗·吉尔默设计的这个厨房中,轻量级的凳子占据很小的视觉空间,可以给家人和朋友在陪厨师工作的时候提供座位,副厨也可以坐在那里。**对页图:** 不锈钢橱柜、高光白色橱柜、文吉木橱柜置物架并排而立,把厨房、早餐室、家庭室完美地联系在一起。开放式置物架使空间显得不拥挤,小块地铁瓷砖铺成的棕色玻璃背景墙能够反射窗户和阳台门透进的阳光,利于室内采光。

在这个厨房中，设计师詹妮弗·吉尔默和室内设计师朱迪·麦克林（Jodi Macklin）联手设计了一个当代过渡时期风格的厨房：4英寸（10厘米）厚的柜台能够安装休闲半岛台和常规座位。半岛台只有39英寸（1米）长，但是能够放下两个凳子；岛台台面适合摆放任何餐饭。靠近宽大玻璃窗的圆桌直径是60英寸（1.52米），能够放下6把椅子。尤为重要的是，如果房间里有窗户，桌子的中心位置要与窗户对齐；这不仅考虑到美学和空间平衡，也考虑到头顶水晶吊灯或现代吊灯的摆放位置。桌子的位置决定了灯悬挂的位置，灯必须放在房间中间，否则照明效果不好。"当布置空间的时候，我首先放置桌子，然后回到厨房以桌子为参照物来摆放其他物品。"吉尔默说。

在这个厨房里，半岛台台面和圆桌之间的距离是42英寸（1.07米），人们吃完饭需要把椅子和柜台凳向后推。客户要求在半岛台上方安装一个现代吊灯，不但为准备餐饭、阅读提供照明，还用来烘托气氛。现代吊灯与桌子上方的水晶吊灯距离很近，既要和谐融洽，又要突显各自特点。所有灯都安装了调光器，可以根据不同需要调整光线和营造气氛。

上图：吉尔默设计的台面与水槽墙垂直，柜台后可以放两个凳子，还可以作为额外的工作空间。灯具需要谨慎定位，在餐桌半岛台上悬挂的是现代吊灯，早餐桌中央悬挂的是水晶吊灯，位置分明、各司其职。对页图：在厨房水槽墙上和家庭室里使用隔板置物架，彼此呼应、整齐统一。吉尔默将台面延伸到家庭室为另外一个地柜和红酒柜充当台面。

吉尔默采用截然不同的方法设计温暖的木质现代厨房，厨房中央一个 10 英尺（3 米）长、3 英尺 6 英寸（1 米）宽的大台面能够满足不同任务需求：就餐、准备、观摩厨师备餐过程，或仅仅用来铺开纸张、做作业、整理账单、摊放零食。岛台上方是浅色花岗岩瓦萨比石台面，与周围的桦木橱柜搭配和谐、相得益彰。淡黄色烤漆橱柜构成岛台，与炉灶后边堆叠石板石背景墙互为补充。厨房四边留出 42 英寸（1.07 米）的空间，方便挪移设备和进出通畅。

原有厨房面临着巨大的挑战，因为既不能容纳设计师设计的万能岛台，也不能满足客户需求建造一个更大的岛台。厨房里有一个超大的单人储物间用来存放楼下壁炉的金属烟道。通过重置烟道、缩小储藏室，客户终于得到梦寐以求的岛台。这个岛台与其他房间比例得当、大小适中、功能强大。吉尔默解释道："不要觉得您看到的、家里原有的存在方式就是理所当然、一成不变的。有的时候，修改一下平面图，做点儿小的改变，如调整烟道，就会产生天差地别的效果。"

对页图：通过在炉灶的中心处安放岛台，吉尔默把注意力集中在转向定制风罩和石瓦背景墙上。微调现有的平面图，安放一个宽敞的岛台，在房子的后部增添一扇新窗户。

一提起长条形软座，人们就能想起20世纪50年代人们的用餐景象。长条形软座不仅代表怀旧情结的卷土重来，而且在空间有限的情况下非常实用。软座下有宽敞的储存空间，可以把书、玩具、不常用的厨房设备放在那里。座位上配上软的坐垫和靠垫，后背稍微倾斜，坐上去会更舒服。长条软座一般放在墙角，可最大限度地利用角落空间。

超小的厨房可以安装一个靠墙的抽拉式桌子，用的时候抽出来，不用的时候收回卡槽里。任何圆形的桌子直径至少要36英寸（91厘米）才能容纳两个人吃饭；一个矩形的桌子也是同样的规格，必要时可以容纳四个人同时吃饭。半岛台两个人之间的最小空隙不少于48英寸（1.22米），54英寸（1.37米）最好。对于容纳一个人的半岛台，24英寸（61厘米）是最小的宽度，但30英寸（76厘米）是比较舒服的宽度。

对页图： 长条形软座节省空间，可营造舒服的就餐环境，因此阿迪尼设计团队的设计师克劳蒂亚·贾司托定制设计了一个适合摆放在角落的餐桌。这个餐桌由餐厅制造商制作，上边是层压木板桌面，下边配的是铝底座。**上图：** 同一个厨房，设计师克劳蒂亚·贾司托将工作空间正对着用餐区。烤漆橱柜比木橱柜更便宜，利于降低成本；赭石色长条形软座具有高端大气、温暖融洽的独特魅力。

如果厨房更大,您则需要做出更多的选择,从圆的、环形的、椭圆形的桌子到结实耐磨的台面材料。餐桌既要满足家人平时用餐的要求,也要达到朋友客人聚餐用的标准。结实耐磨的台面材料可以选择层压板、石英石和木头。座椅的风格要与桌子及房间的风格互补。

吉尔默和设计师马克·詹尼基 (Marc Janecki) 在厨房的大平板电视前放置一个舒服的、直径是 48 英寸 (1.22 米) 的木质桌子,并配有 4 把椅子;电视后的背景墙是狭窄石砖堆砌而成的;相邻的墙壁用来展示房主的一些艺术收藏品,用来证明每天使用的厨房是展示收藏品最好的地方 (上图)。通过谨慎安排设备和橱柜,吉尔默留出空间安装功能强大的岛台,岛台上部是带有齿状造型细节的凯撒石台面,下边是橡木染色橱柜。

无论做出什么选择,最后都要符合您的家庭风格,厨房比例得当,也包含您最喜欢的设计元素。

上图: 因为厨房里就餐区和放松区空间有限,所以设计师詹妮弗·吉尔默和马克·詹尼基在设计岛台时不在附近加座椅。岛台比较大,可以放置饮料柜,有充足的存储空间可以放置烹饪书和其他物品,以避免视觉上的杂乱。**对页图:** 乌尔里希股份有限公司的设计师阿帕娜·维查耶 (Aparna Vijayan) 增加了一个独立区域,与家庭室和户外相对。独立区里安放了混凝土圆桌、带座位的柜台、传统餐桌,通透宽敞采光好,房主可以坐在那里休息休息,吃吃饭,聊聊天,室外景观尽收眼底。不远处有一个带水槽的低矮柜台,柜台下边是饮料柜,可方便放松畅饮、休闲聊天。

额外部分：辅助用房

挑战： 在厨房内外添加重要的辅助空间。

在过去，沾泥物品寄存室、洗衣室、管家餐具室各司其职，发挥各自功用，室内空间划分的时候这三部分理所当然地保留下来，这些是家里的实用空间。为了使用方便，这三个空间通常放在厨房、车库、餐厅附近，他们存在的意义更趋向于功利实用，而不是装饰美感。今天这种观念彻底被转变！客户对于这些空间的期望值非常高，希望这部分区域拓展扩大，既可以缓解厨房和餐厅的人流压力，又有利于统筹日益忙碌的生活。一些空间还增添了新的功能：摆放盆栽植物、包装礼品、存放运动器材。

洗衣室

作为增进家庭生活情感的主要媒介，洗衣室不再隐藏在地下室或车库里，而是开辟一个独立的房间。一些设备可以塞进厨房门后或下拉百叶窗下的角落里，洗衣机及其他洗衣设备则放置在独立的房间里。一方面防止工作时噪声过大造成干扰，另一方面避免占据过多空间使厨房显得拥挤。洗衣室要看起来美观宜人，用起来得心应手。怎样才能把您的洗衣室设计得更好、更有吸引力呢？

- 如果把洗衣机和烘干机并排放置，柜台利用率最高；如果空间有限，您把两台机器堆叠摆放，旁边最好要有一个柜台。柜台用处多多，可以叠整洗净烘干的衣服，也可以用来包装礼物。
- 如果空间充足，置办一个嵌入式熨衣板非常实用——不用的时候可以收在衣橱或挨着墙放好，用的时候打开使用，非常方便。

上图： 小壁橱、条凳、挂衣钩使小空间错落有致、井井有条。**对页图：** 各种各样的储存物摆放地井然有序，使这个洗衣沾泥物品寄存室看起来秩序井然、魅力十足。

- 壁橱或开放式置物架可以用来存放洗衣粉、运输衣物的洗衣篮、衣挂和熨斗。
- 处于隐私考虑，安装一扇全高门或滑道门，与相邻的厨房隔离开。
- 一个小的水槽用来清洗精致衣物，或用来浸泡衣物。
- 安装防水、防腐蚀地板。明智的选择是乙烯基地板、陶瓷地砖、商业级福尔波地板（现代油地毯）、软木地板。
- 安放一个椅子或凳子，方便在等待衣物时坐着休息。
- 安装嵌入式照明灯具使整个房间生机勃勃。如果空间有限，用明亮的颜色画一盏灯。同时要毫不犹豫地大胆使用光鲜明媚的颜色。

在室内装潢师莱斯利·马克曼·斯特恩 (Leslie Markman-Stern) 设计的现代厨房中，管家的餐具室变为厨房洗衣室。由于使用了相同的白胡桃木和樱桃木壁橱，所以很难区分两个工作区。洗衣室的台面是花岗岩，可以翻折。三种不同的嵌入式灯具根据不同需要和功用提供一般、重点、装饰性照明。

上图：设计师莱斯利·马克曼·斯特恩把洗衣室放在厨房的右边，洗衣室的壁橱与厨房橱柜相同。下图：比洛塔厨房设计公司 (Bilotta Kitchens) 的认证厨房设计师和高级设计师兰迪·奥凯恩 (Randy O' Kane) 借助窗户和涂料使洗衣室分外明亮。对页图：在詹妮弗·吉尔默设计的厨房中，以不锈钢冰箱为界，一边是厨房，一边是洗衣室。在洗衣机和烘干机上方安装樱桃木板，既与其他台面联系起来，又很好地隐藏了洗衣机和烘干机。

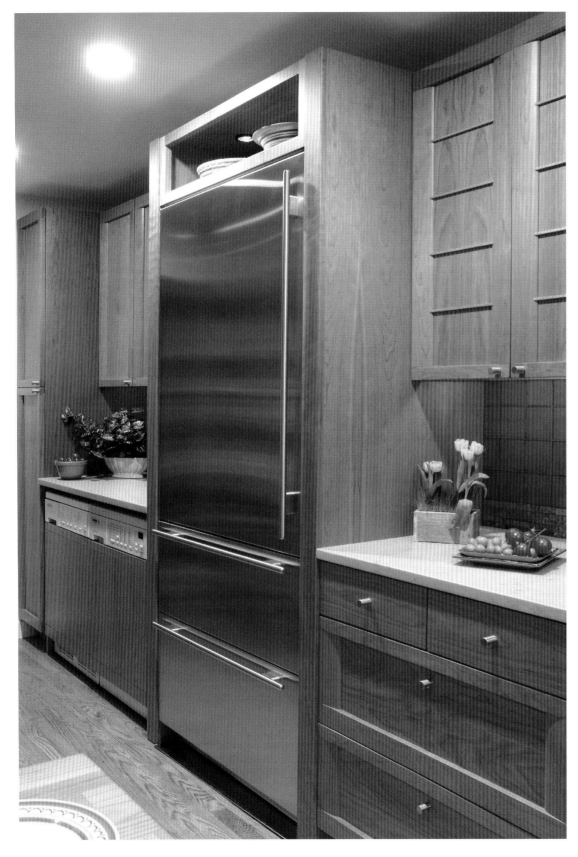

洗衣设备原来放在厨房门后或难看的自制架子上。设计师詹妮弗·吉尔默建议拆除墙来获得更大的空间；在台面下方安装小的储藏柜便于空间整洁；樱桃木壁橱与橱柜搭配和谐；此处安装的是耶路撒冷石台面。墙和门拆除后，整个空间变得更通透，联系得更紧密，厨房看起来更宽敞明亮。

沾泥物品寄存室

沾泥物品寄存室距离车库很近，一般是关闭状态。特别在北美，这个房间已经成为新的入户门。大多数房主把这里当作房子的入口和出口。如果您有额外空间，这里还有一些小技巧教您如何使它更具有魅力。

- 增添一个衣橱或衣架、下边带储藏室的长板凳、一个能坐的地方，这样您在出去跑步或打网球之前就可以坐着换好运动鞋，也可以把湿的东西挂起来晾干。
- 为每个成员准备一个小杂物柜，存放自己的外套、帽子、手套、靴子、运动器材、双肩背包，既干净整洁，又井井有条。
- 如果预算允许，也可以考虑安装地热。使用与洗衣室一样的地板，不要选择木地板，因为如果地面潮湿，木地板会弯曲变形。
- 如果还有空间的话，不妨增加一个白板、黑板或图钉布告板，可以随手记下信息和日程安排。
- 把它打造成为室内带水槽、放盆栽植物的"花园中心"；在这里还可以洗净花园里采摘的蔬菜和水果。

设计师简·埃里森 (Jane Ellison) 改变了厨房右边的洗衣室，采用更实用的石板地板、耐用的橄榄绿橱柜，以及与厨房一样的大理石台面。开放式置物架放在水槽旁边，清洁用品柜已经关闭。尽管房间开启的是忙忙碌碌的工作模式，但依然能带给人们一种老式的愉悦感。"这应该是一个待在里边就特别舒服愉快的房间，就是奶奶辈或父母辈地下室的升级版。"埃里森说。

管家的餐具室

管家的餐具室卷土重来——设计师从唐顿庄园获得的灵感。管家的餐具室通常位于厨房和餐厅之间的大厅里，装满了厨房里的常用物品，包括：

- 一个用来洗玻璃杯和银器的小准备水槽。
- 额外的小家电使膳食服务更容易，也可免去返回厨房取东西的劳苦。好的家电帮手包括电热屉、微波炉、小的红酒柜、饮料柜。
- 额外存放正式场合使用的盘碗杯碟和玻璃器皿。

如果您想把这个空间并入厨房或餐厅，在橱柜、材料、颜色和照明灯具的选择上要格外留心，或与厨房和餐厅的风格一致，或大胆转换与厨房和餐厅截然不同的样式。

好的设计会考虑您的个人品位、预算、生活方式，也会使房间里的劳苦工作乐趣无穷。

对页左上图： 每样东西都摆放得井井有条——围巾挂在衣钩上，鞋放在鞋柜中，一面镜子用来修整仪表、整理妆容。**对页中上图：** 管家的餐具室分担一些厨房工作，能帮助减缓主要工作区的工作压力。**对页右上图：** 在詹妮弗·吉尔默厨卫设计室的设计师保罗·本瑟姆 (Paul Bentham) 设计的这个管家餐具室里，光滑的橱柜配有宽大的抽屉，在台面下方增加了很多储藏空间。**对页下图：** 储存柜和凳子都是对等搭配的，能营造一个对称的空间。

户外厨房

挑战： 设计一个户外厨房把您和自然联系起来，把准备餐饭与朋友欢聚统筹起来。

住宅建设最近几年的流行趋势是，充分利用房子的室内外空间，将每部分的优势发挥到最大化。您的房子是一个有院子包围的独栋别墅还是别致的市中心高层公寓？根据房子的具体情况选择下一步提升魅力的方法：在高高的阳台上种植盆栽花和蔬菜；在地面上添加娱乐设施，如后院的露天平台、游泳池、其他水景设计、菜园等；打造一个既能烹饪又能用餐的地方。

户外生活的感觉非常好，不仅愉快健康，而且把室内空间扩大了不少，充分利用了房子的特殊背景和大自然母亲的辽阔宽广。

根据当地的气候，您家的地理位置，院子、露天平台、阳台的大小，您的特殊喜好，采取多种方法创建一个温暖宜人的户外空间。

上图： 这个火炉由赫斯特豪斯景观建筑和承包公司 (Hursthouse Landscape Architects and Contractors) 的园林建筑师罗伯特·赫斯特豪斯 (Robert Hursthouse) 设计，周围由耐火砖堆砌而成，外边围了一圈定制栅栏，配备燃气打火器，方便使用。**对页图：** 乌鲁蒂亚设计公司的 (Urrutia Design) 设计师杰森·乌鲁蒂亚 (Jason Urrutia) 使用两段门将厨房和餐厅用重蚁木露台联系起来，两门之间有 44 英尺 (13 米) 的距离。

最简单可行的方案是用大的窗户或门把厨房和户外联系起来。有时窗或门与墙同高,按一下按钮就可以调整窗或门的高度,或者把窗户折叠起来。

左图和上图: 将厨房延伸到户外,烹饪和用餐空间充足。五猫建筑工作室 (Fivecat Studio Architecture) 的建筑师马克·R. 莱佩奇 (Mark R. LePage) 设计了一个两层解决方案。上边那层可以放置烧烤架和餐桌,顺台阶而下,下层石墙内部还设计了一个有舒适座位的休闲生活区。

为了最大化地享受户外备餐、用餐的乐趣，制造商推出了一系列比烧烤架更复杂的烹饪设备，而且每一类室内电器都有相对的户外防水款。这对于对户外烹饪和娱乐痴迷的房主来说，无疑福利来了！户外厨房可以与室内厨房相媲美，有多种器具可供选择，比如烤架、便携式旋转烤肉器、水槽、啤酒龙头、比萨烤箱、制冰机、迷你冰箱、炊具柜、盘子、玻璃器皿、餐具等。尤为重要的是，要购买抗寒抗冻抗霜的设备，台面和存储柜都能适宜户外使用。

理想的情况是，从一个精心策划的户外厨房很容易走进室内。如果室外厨房离室内太远，往来奔波，将导致您不太可能经常使用它。不过您可以购买放在户外的、不易破碎的、多彩漂亮的盘碗碟盏、玻璃器皿和餐具。户外厨房的其他部分应该采用结实耐用、抵御恶劣天气的材料，如不锈钢设备，不锈钢或柚木储藏柜，以及混凝土、石板、大理石、花岗岩台面。但请一定要安装足够多的符合当地安全标准的电源插座。

上图： 这个户外厨房由赫斯特豪斯景观建筑和承包公司的园林建筑师罗伯特·赫斯特豪斯设计，使用一个藤架来模仿室内的材料和设计。**对页上图：** 由戴尔·韦伯 (Del Webb) 设计建造，房子后部的露台配有带遮阳棚的烹饪区和用餐区，可使用户开心工作，开怀畅饮。**对页下图：** 由莫尔甘特·威尔森建筑师事务所 (Morgante-Wilson Architects) 设计，一个迷人的带棚门廊提供额外的娱乐烧烤区，在此可以静静欣赏密歇根湖的美景。

采用防水材料的家具是明智的，例如：熟铁、柚木和适应各种天气的柳条。如果没有充足的空间收藏软垫和靠枕过冬，您应该选择适应各种天气的纺织品，能够承受住雨水、烈日及其他挑战性天气。考虑安放一个遮阳伞、伸缩遮阳棚、凉亭来遮阳避暑。不要忘记为户外音响设备铺设电线，至少准备一个能带到户外的 iPod 或插接口。

对页图：伯特兰景观设计公司 (Bertrand Landscape) 的园林建筑师吉姆·伯特兰 (Jim Bertrand) 将原来的高尔夫球场对面那个摇摇欲坠的旧露台进行改造，摇身一变成为一个功能强大、宽敞舒服的室外娱乐休闲区。放眼望去，美景尽收眼底，区内配有厨房、吧台、用餐区，藤架下壁炉旁还设立了舒服的休闲区。**左上图：**建立户外用餐区的时候要选用抗风雨及其他恶劣天气的桌椅。厨房设计公司的设计师克里斯汀·奥克利为了遮阳避暑而安装了一个凉棚。**右上图：**多个户外生活"室"联系在一起。闪闪发光的双面壁炉、流水的倒影、当地采石场的石头、五颜六色的柔软植物都是阿尔当园丁景观设计与项目协调公司 (The Ardent Gardener Landscape Design and Project Coordination) 的园林设计师劳丽·万·赞特 (Laurie Van Zandt) 选择并设计的。而石工部分则由 BT 砖石建造公司 (BT Stone Masonry) 的布里翁·泰勒 (Brion Taylor) 完成。

火炉或壁炉具有保暖的功用，尤其在寒冬最为适用。火炉一般是嵌入便携式轻量炉。这种火炉一般比较小，直径 4~6 英尺 (1.2~1.8 米)，高 18~30 英寸 (46~76 厘米)，可以燃烧木材或燃气。壁炉更大，造价更高。无论是火炉还是壁炉都是由混凝土、石材、砂石、砖、瓦和阻燃复合材料制作而成。还有其他用于烹饪和娱乐的火炉产品，如往里边注入凝胶燃料的火碗、配有燃气炉的烤炉餐桌、不仅可以烤制比萨还可以烤制其他食物的燃木或燃气烤箱。

无论您选择什么，为了最大程度获得夜生活享受，一定要安装各种各样的户外灯具。在此，我们特别推荐 LED 节能灯具。不但提供充足的照明效果，而且有利于烘托气氛，美化景观。不要安装机场跑道和购物中心那么多的亮灯。但一定要保证在准备区、烹饪区安装提供直接光照的灯具。而且黄色的灯泡和香茅蜡烛在夏天具有驱蚊赶虫的效果。

与设计室内厨房一样，要明智地利用空间，这并不意味着您必须采用传统的工作三角区原则。当然，您应该考虑下如何利用空间以及设置其他户外景观——游泳池、花园、树木、栅栏的位置；您还需要考虑到邻居房子的位置，并最大限度地保护隐私；要留出往来通行的空间，把舒服的休闲区座位放置在远离热气、烟雾、烧烤气味的地方。一切准备就绪，那就开始享受生活吧。这是户外生活娱乐区的豪华版，您家的户外延伸。

上图: 园林设计师迈克尔·格拉斯曼 (Michael Glassman) 设计的这个户外厨房包含所有的设施如烧烤架、冰箱、电热屉、炉子、立体声扬声器、电视; 带加热器的凉亭下安装了柜下灯、电风扇、灯具、孔石台面。**对页图:** 园林设计师迈克尔·格拉斯曼在正对着天然石的用餐区建立了一个采取保护措施的天然气壁炉，不仅能在凉爽的夜晚里提供温暖，还有助于烘托气氛。

资源

这些资源有助于更好地规划
和设计或改造您的厨房

图书

Some of the titles listed below may no longer be
published however, they should still be available at
libraries or through online resources such as Amazon.

Ballinger, Barbara and Glassman, Michael, *The Garden
Bible: Designing your perfect outdoor space*, 2016, The
Images Publishing Group

Buchholz, Barbara B. and Margaret Crane, *Successful
Homebuilding and Remodeling*, 1998, Kaplan Publishing

Casson Madden, Chris, *Kitchens: Information and
inspiration for Making Kitchens the Heart of the Home*,
1993, Clarkson Potter

Country Living, *Country Living 500 Kitchens: Style, Comfort
& Charm*, 2008, Hearst Publishing

Crafti, Stephen, *21st Century Kitchens*, 2010, The Images
Publishing Group

Cregan, Lisa, *House Beautiful Kitchens: Creating a Beautiful
Kitchen of Your Own*, 2012, Hearst Publishing

Cusato, Marianne, *Just Right Home*, 2013, Workman Publishing

Daley, Susan and Steve Gross, *Farmhouse Revival*, 2013,
Abrams

De Giulio, Mick, *Kitchen Centric*, 2010, Balcony Press

Dickinson, Duo, *Staying Put: Remodel Your House to Get
the Home You Want*, 2011, The Taunton Press

Gold, Jamie, *New Kitchen Ideas that Work*, 2012,
The Taunton Press

Hall, Andrew, *100 Great Kitchens and Bathrooms by
Architects*, 2008, The Images Publishing Group

Krasner, Deborah, *The New Outdoor Kitchen: Cooking
up a Kitchen for the Way you Work and Play*, 2009,
The Taunton Press

Means, R.S. and Lexicon Consulting, *Universal Design Ideas
for Style, Comfort & Safety*, 2007, R.S. Means

Powell, Jane and Linda Svendsen, *Bungalow Kitchen*, 2011,
Gibbs Smith

Whitacre, Ellen and Colleen Mahoney, *Great Kitchens:
Designs from America's Top Chefs*, 2001, The Taunton Press

网站

American Council for an Energy-Efficient Economy
www.aceee.org/consumer

Building Green
www.buildinggreen.com

Building Science
www.buildingscience.com

EnergyStar
www.energystar.gov/

Forest Stewardship Council
us.fsc.org

Green Building Advisor
www.greenbuildingadvisor.com

Green Depot
www.greendepot.com

Green Seal
www.greenseal.org

Guide to Recycling Appliances
www.partselect.com/JustForFun/Guide-to-Recycling-
Appliances-and-Electronics.aspx

**The American Academy of Healthcare
Interior Designers**
www.asid.org

The American Institute of Architects
www.aia.org

The American Society of Landscape Architects
www.asla.org

The Association of Professional Landscape Designers
www.apld.org

The Center for Universal Design
www.ncsu.edu/ncsu/design

The National Association of Home Builders
www.nahb.org

The National Association of the Remodeling Industry
www.nari.org

The National Kitchen and Bath Association
www.nkba.org

Your Home—Commonwealth of Australia
www.yourhome.gov.au

应用程序

The choices here are endless and constantly changing.
As of 2013, some good apps include:

Construction Buddy
Available on both iPhone and Android devices, this app
offers 35 timesaving tools including wallpaper, concrete,
base trim, carpet, and heating calculators.

iHandy Carpenter
This is a virtual workshop that offers tools of the trade.
Great graphics, measuring tools, and more to help you
with your kitchen project.

Mark on Call
This app gives you access to a virtual professional and
you can view virtual rooms.

Photo Measures
This enables you to take photos of kitchen spaces and
then it calculates the measurements. It also helps you
organize different designs.

ColorChange
Allowing you to change the color of your kitchen project until
you find the colors that resonate, this can be an alternative
to paint chips, although bear in mind that the available light in
your kitchen may affect how the color looks.

设计师与建筑师

A.S.D. INTERIORS
www.asdinteriors.com

A.W. Stavish Designs
www.awstavishdesigns.com

Adeeni Design Group
www.adeenidesigngroup.com

Amazing Spaces LLC
www.amazingspacesllc.om

Amy Alper Architects
www.alperarchitect.com

Arch-Interiors Design Group
www.archinteriors.com

Barnes Vanze Architects Inc.
www.barnesvanze.com

Beechwood Landscape Architecture and Construction LLC
www.beechwoodlandscape.com

Bertrand Landscape Design
www.bertrandlandscape.com

Better Kitchens, Inc.
www.betterkitchens.com

Bilotta Kitchens
www.bilotta.com

brooksBerry & Associates
www.brooksberry.com

Cabinets & Design
www.cabinetsdesignslex.com

CG&S Design Build
www.cgsdb.com

Decorating Den
www.GulfCoast.DecoratingDen.com

Decorating Den Interiors
www.sandykozar.decoratingden.com

Decorating Den Interiors
www.decdens.com/lmccall

Decorating Den Interiors Inc.
www.decoratingden.com

Denise Fogarty Interior
www.denisefogarty.com

Design by Human
www.whatisdbh.biz

Designs for Living
www.designsforlivingvt.com

Diane Bishop Interiors
www.dianebishopinteriors.com

Divine Kitchens
www.divinekitchens.com

Drury Design
www.drurydesigns.com

Eisner Design LLC
www.eisnerdesign.com

EMI Interior Design Inc.
www.emiinteriordesign.com

Errez Design
www.errezdesign.com

EvoDOMUS LLC
www.evodomus.com

Feinmann, Inc.
www.feinmann.com

Feldman Architecture
www.feldmanarchitecture.com

Fivecat Studio Architecture
www.fivecat.com

Fredman Design Group
www.fredmandesigngroup.com

Gardner Mohr Architects LLC
www.gardnermohr.com

Garrison Hullinger Interior Design
www.garrisonhullinger.com

Häfele America Co.
www.hafele.com

Hamilton Snowber Architects
chris@hamiltonsnowber.com

Harpole Architects, P.C.
www.jerryharpole.com

Helen Sullivan Design
sullivandesign@aol.com

Hursthouse Design
www.hursthouse.com

In Detail Interiors
www.indetailinteriors.com

Jackson Design and Remodeling
www.jacksondesignandremodeling.com

Jane Ellison Interior Design
www.janeellison.com

Jennifer Gilmer Kitchen and Bath Ltd.
www.jennifergilmerkitchens.com

Jodi Macklin Interior Design
www.jodimacklin.com

Katherine Shenaman Interiors
www.katherineshenaman.com

Kitchen+Bath Design+Construction
www.kb-dc.com

Kitchens by Design
www.kitchensbydesign.net

Leslie M. Stern Design Ltd.
www.lesliemsterndesign.com

Lisa Lougee Interiors
Lisalougee@yahoo.com

Lisa Wolfe Design Ltd.
www.wolfedesign.com

Live-Work-Play
www.live-work-play.net

Lori Carroll and Associates
www.loricarroll.com

Louis Tenenbaum
www.louistenenbaum.com

Marc Janecki Design
www.marcjaneckidesign.com

Michael Glassman and Associates
www.michaelglassman.com

Michelle Workman Interiors
www.michelleworkman.com

Modiani Kitchens
www.modianikitchens.com

Morgante-Wilson Architects
www.morgantewilson.com

Mother Hubbard's Custom Cabinetry
www.mhcustom.com

Neil Kelly Company
www.neilkelly.com

nuHaus
www.nuhaus.com

Orren Pickell Building Group
www.pickellbuilders.com

Pagliaro Bartels Sajda Architects
www.pbs-archs.com

Papyrus Home Design
www.papyrushomedesign.com

Perfect Palette
Mc3409@gmail.com

PulteGroup/Del Webb
www.delwebb.com
www.pultegroup.com

Randall Mars Architects
www.randallmarsarchitects.com

Rossington Architecture
www.rossingtonarchitecture.com

Sarah Barnard Design
www.sarahbarnarddesign.com

SCW Interiors
www.scwinteriors.com

Stephanie Wohlner Design
www.swohlnerdesign.com

Stuart Cohen and Julie Hacker Architects
www.cohen-hacker.com

Susan Agger
agger3909@ad.com

Susan Dowling Interior Design
www.susandowlinginteriors.com

The Ardent Gardener Landscape Design and Project Coordinator
www.theardentgardener.net

The Kitchen Source
www.thekitchensource.net

Thermador
www.thermador.com

Thomas Sarti Girot Interiors
TSGirotinteriors@aol.com

Ulrich Inc.
www.ulrichinc.com

Urrutia Design
www.urrutiadesign.com

Vivian Braunohler
www.braunohlerdesign.com

Wellborn Cabinet Inc.
www.wellborn.com

Your Color Source Studios, Inc. and Color911
www.amywax.com
www.Color911.com

电器

Bosch
www.bosch-home.com

Fisher Paykel
www.fisherpaykel.com

LG Electronics
www.lg.com

Maytag
www.maytag.com

Miele
www.miele.com.au
www.miele.co.uk
www.miele.com

SubZero Wolf
www.subzero-wolf.com

Whirlpool
www.whirlpool.com

致谢

芭芭拉·博林格 | 玛格丽特·克雷恩 | 詹妮弗·吉尔默

在大多数房主的愿望清单上，功能齐全的厨房名列前茅。厨房在我们的日常生活中至关重要。很多人对厨房做了多次重修改造。这里不仅要设施完备、轻而易举地满足各种烹饪需要，还要前卫时尚、为家人和朋友闲谈交流提供温馨场地。我们既喜欢烹饪，又热衷娱乐。成功的改造项目可以产生令人意想不到的效果，即提升房产价值。

这本书是几十年反复试验后总结出来的精华，里面明确指出了厨房装修的注意事项，应该做什么，尤为重要的是不应该做什么。詹妮弗·吉尔默是顶级专业厨房设计师，具备 30 多年的从业经历，并在华盛顿特区拥有自己的公司。她的公司属业界翘楚，已创办 19 年。而且詹妮弗积极提升自我，在电器、制造业、材料、照明等领域持续不断地学习，时刻保持职业敏感性和前瞻性。她知识渊博、经验丰富，始终学习、研究、掌握行业内外的相关知识，能够以专业的视角向潜在客户和我们解释独特设计的明智之处。同样，我们也向读者介绍并解释相关文章和网站。我们在此感谢詹妮弗的得力助手，没有

帕特里斯·凯西 (Patrice Casey) 和普丽娅·古普塔 (Priya Gupta)，没有他们的鼎力相助，这本书就不会顺利完成。

神奇空间有限责任公司位于纽约布莱尔克利夫庄园 (Briarcliff Manor)，我们同时要感谢该公司的厨房设计师杰森·兰道 (Jason Landau)。在这本书中，杰森·兰道分享了他设计的厨房案例和专业知识，贯穿全书的警告和教训部分都取材于此。杰克逊设计和重建公司 (Jackson Remodeling and Design) 位于加利福尼亚的圣地亚哥。我们还要向该公司的设计师可可·哈珀 (CoCo Harper) 致谢，她总是在关键时刻助我们一臂之力。当我们需要一个项目来彰显独特的设计理念时，可可·哈珀的厨房设计总是最有力的诠释、最典型的代表。

许多朋友、搭档、专业人士在这几年里对我们三人以及这本书的创作给予了莫大的帮助和支持。这本书不仅在视觉和文字上介绍伟大经典的厨房设计，而且尽可能地缩短了梦想与现实的距离。有这本书做指导，厨房装修未必成为许多人

认为或经历的噩梦。对我们帮助最大的是此书引用的设计实例，感谢所有厨房设计师和建筑师分享的项目样板间，同时感谢那些与我们分享改建厨房的房主。

我们非常幸运能与世界最优秀出版商之一的视觉出版集团 (The Images Publishing Group) 合作。该集团出版的书籍印刷精美、内容丰富。同时，特别感谢保罗·莱瑟姆 (Paul Latham) 和阿莱西亚·布鲁克斯 (Alessina Brooks) 对我们创作理念自始至终的信任和支持。感谢编辑曼迪·赫伯特 (Mandy Herbet) 的鼎力相助，将自己的才能、洞察力、编辑、热情、敬业投入整个创作过程中。在此一并感谢视觉出版集团默默付出的其他员工，特别是瑞恩·马歇尔 (Ryan Marshall) 和罗德·吉尔伯特 (Rod Gilbert)，他们的平面设计专业知识使我们受益匪浅。

当然，更要深深感谢我们的家人和朋友，感谢他们不厌其烦的倾听，容忍我们喋喋不休地谈论一个别致的厨房设计理念或酷炫时尚的设计潮流。这些话题既包括各种设计元素，如电磁炉、冰箱冰柜与抽屉之间的隔离柱、仿木纹瓷砖、充电站、家庭聚会区，也包括别具一格的设计理念，如集烹饪、社交、聚会、付账多功能于一体的万能厨房。我们总是梦想做得更好，在下一个厨房或烹饪空间中体现新的设计理念——厚重的白色大理石台面、宽阔的再生木地板，或在花园里的户外厨房中安装一个比萨烤箱。

我们希望您享受并受益于我们所付出的努力。

图片版权

Front Cover
Bob Narod

Back Cover
Bob Narod (left)
Olson Photographic (center left)
Courtesy, Adeeni Design Group (center right)
Celia Pearson (right)

Chapter One
Bob Narod 11, 12, 14, 17, 18, 21, 22

Chapter Two
Bob Narod 27, 28, 33, 34
Lucy Shappell 37
Jennifer Gilmer Kitchen and Bath Ltd.
   floor plans 29, 30, 33

Chapter Three
Bob Narod 39, 40, 41, 42, 43, 45 (center),
   46, 47, 48, 51, 52, 53, 54, 55, 56, 57
Celia Pearson 44, 45 (left and right)

Chapter Four
James Tetro 59, 60, 62, 63, 65

Chapter Five
Hafele America Co. 69, 70, 71
Courtesy, Neil Kelly Company 72

Chapter Six
Bob Narod 75, 76, 77, 78 (above left), 79
Thermador 78, (above center, above top
   right, and bottom right), 80, 81
Colby Edwards 83

Chapter Seven
Bob Narod 85

Small and Budget
Gridley + Graves Photographers 86, 87
Bob Narod 88, 89, 96, 97
David Young-Wolff 90 (left)

Jon Miller/Hedrich Blessing 90 (center)
Todd Pierson 90 (right)
Nick Novelli Photography 91
PreviewFirst Photography 92 (left)
Greg Riegler 92–93
Steven Mays Photography 94, 95

Long and Sometimes Narrow
Bob Narod 98, 99, 100, 101, 104, 105 (left),
   106
Linda Oyama Bryan 102
Jay Greene Photography 103
Nick Novelli 105 (right)
Drury Design 107 (left)
Brad Nicol 107 (right)
Loretta Berardinelli 108
Erika Bierman 109

Workhorses
Bob Narod 110, 111, 112, 113, 116
Jon Miller/Hedrich Blessing 114
Memories TTL, LLC, for Modiani Kitchens,
   Englewood, NJ 115
Alise O'Brien Photography 117

Stylemakers
Bob Narod 118, 119, 120, 121, 122, 123,
   124, 125, 126, 127, 128, 129
Jack Wolford 130
Eric Roth 130–131
Top Kat Photography 131 (above)
Paul Dyer 132
Joseph Lapeyra 133
Celia Pearson 134, 135

White Winners
Bob Narod 136, 137, 138, 139, 140, 141, 142
Tom Olcott 143
Tony Valainis Photography 144, 145

Colorful Creations
Bob Narod 146, 147, 150, 151, 157 (left)
Brian Bookwalter 148–149
Blackstone Edge Studio 149 (small shot)
Thomas McConnell 152
Sheila Addleman Photography 153
PreviewFirst 154
Olson Photographic 155
Tony Valainis 156
Photography, Courtesy, Adeeni Design
   Group 157 (right)
Peter Rymwid Photography 158–159
Photography by JohnPaul, John Paul Soto
   159 (top right)
Courtesy of Designs for Living 159
   (bottom right)

Open-Style Kitchens
Bob Narod 162, 163, 168 (lower),
   170–171
Annie Garner-Let It Shine Photography
   164–165 (left)
Eric Rorer Photography and Jason Madara
   Photography 165 (above)
©Tyler Chartier, www.TylerChartier.com
   166 (top)
John Umberger, Real Images Inc. 166
   (above left and above right)
Kevin Sprague 167 (top left)
Jason Kindig 167 (top right)
Gordon Beall 168 (top)
PreviewFirst 169
Brian Bookwalter 171 (above)

Family-Friendly Hubs
Bob Narod 172, 173, 174–175, 175 (top)
Anice Hoachlander 176, 177
Greg Weiner 178
Loretta Benardinelli 179

PreviewFirst 180
Eric Roth 181 (top left and right)
Codis, Inc. 181 (lower)

Multitasking Magicians
Bob Narod 182, 183, 185, 185, 192, 193
Dennis Martin 186 (top)
William Lesch 186-187
Edie Ellison 188-190
Annie Garner/Let It Shine Photography 190
Brantley Photography 191

Dining Divas
Bob Narod 194, 195, 196, 197, 198–199, 202
Verite 200, 201
Peter Rymwid Photography 203

Extra-Extra: Auxiliary Rooms
Wellborn Cabinet Inc. 204, 205, 208 (top
   left, top center, bottom)
Bob Narod 207, 208 (top right)
Paul Schlismann 206 (top)
Peter Rymwid Photography 206 (bottom)

Outdoors Galore
Hursthouse Landscape 210, 214
Matt Sartain Photography 211
Scott LePage Photography, Charlotte, NC
   212–213, 213
Courtesy Del Webb 215 (top)
Tony Soluri 215 (bottom)
Linda Oyama Bryan 216
Tony Valainis 217 (left)
Laurie Van Zandt, The Ardent Gardener
   217 (right)
Michael Glassman 218, 219

Acknowledgments
Bob Narod 223 (left and right)
Brian Vanden Brink 223 (center)